电气线路安装与调试

主　编　刘进英　董　涛
主　审　徐春妹

北京理工大学出版社
BEIJING INSTITUTE OF TECHNOLOGY PRESS

图书在版编目（CIP）数据

电气线路安装与调试 / 刘进英，董涛主编. —北京：北京理工大学出版社，2021.5
ISBN 978 - 7 - 5682 - 9839 - 1

Ⅰ．①电…　Ⅱ．①刘…②董…　Ⅲ．①输配电线路 – 安装 ②输配电线路 – 调试方法
Ⅳ．①TM726

中国版本图书馆 CIP 数据核字（2021）第 090249 号

出版发行 / 北京理工大学出版社有限责任公司
社　　址 / 北京市海淀区中关村南大街 5 号
邮　　编 / 100081
电　　话 / （010）68914775（总编室）
　　　　　（010）82562903（教材售后服务热线）
　　　　　（010）68944723（其他图书服务热线）
网　　址 / http：//www. bitpress. com. cn
经　　销 / 全国各地新华书店
印　　刷 / 涿州市新华印刷有限公司
开　　本 / 787 毫米 × 1092 毫米　1/16
印　　张 / 13　　　　　　　　　　　　　　　　　　责任编辑 / 江　立
字　　数 / 280 千字　　　　　　　　　　　　　　　文案编辑 / 江　立
版　　次 / 2021 年 5 月第 1 版　2021 年 5 月第 1 次印刷　责任校对 / 周瑞红
定　　价 / 55.00 元　　　　　　　　　　　　　　　责任印制 / 施胜娟

前　言

　　"电气线路安装与调试"课程是高职高专院校和部分高等学校电气自动化、机电一体化和电气技术等专业的主干课程，也是这类专业学生必修的专业课程，同时是培养学生专业能力的重要课程。本教材以电工的国家职业标准及相关职业岗位的工作内容为依据，精选教学项目，具体项目的选取以电气线路安装与调试为主。本教材包含十一个项目，每个项目下设置了数目不等的学习任务。本教材是"电工技术基础""电子技术基础"的后续课程，其后续课程是"常用电机控制和调速技术""PLC 编程及应用技术"。本课程的具体教学内容以典型项目为载体，建议采用理实一体化教学，要求在电气、消防、卫生等符合实训安全要求的电工实训室（配备电气安装与维修实训平台）进行实际操作。

　　本教材以典型项目为载体，以任务为驱动，根据相关专业实际岗位的需求，紧密结合职业技能等级证书考核的要求，加大实际操作的比例，使学生在实践中掌握相关知识，培养、提高学生的职业能力。本教材包括三相异步电动机正转控制线路的安装与调试、三相异步电动机正反转控制线路的安装与调试、三相异步电动机位置控制与自动往返控制线路的安装与调试、三相异步电动机顺序控制与多地控制线路的安装与调试、三相异步电动机降压启动控制线路的安装与调试、三相异步电动机制动控制线路的安装与调试、双速异步电动机控制线路的安装与调试、CA6140 型车床电气控制线路的故障检修、M7120 型平面磨床电气控制线路的故障检修、T68 型卧式镗床电气控制线路的故障检修和 X62W 型万能铣床电气控制线路的故障检修十一个项目。在每个项目下设置具体的学习任务，每个学习任务前有详细的任务目标、任务分析和知识准备，有利于学生自主学习。每个项目下设置具体的环境设备、详细的任务实施步骤和考核评价标准，有利于指导学生规范操作。

　　本教材由连云港工贸高等职业技术学校刘进英编写了前言、项目一、项目七和项目九，连云港工贸高等职业技术学校董涛编写了项目三和项目十，宜兴高等职业学校朱茂余编写了项目五和项目六，连云港工贸高等职业技术学校宋洪成编写了项目四和项目八，江苏省南京工程高等职业学校夏诚编写了项目二和项目十一。本教材由连云港中等专业学校徐春妹老师主审。

　　本教材在编写过程中得到了江苏省联合职业技术学院机电协作委员会专家组及北京理工大学出版社工作人员的指导与点评，并提出了中肯的修改意见。在此，向他们表示由衷的感谢。

　　由于编者水平有限，加上时间仓促，教材中难免出现不合理之处，请广大读者批评指正。

目　录

项目一　三相异步电动机正转控制线路的安装与调试 ···················· 1
　　任务一　手动正转控制线路的安装与调试 ·························· 2
　　任务二　接触器自锁正转控制线路的安装与调试 ···················· 20
　　任务三　连续与点动混合正转控制线路的安装与调试 ················ 38

项目二　三相异步电动机正反转控制线路的安装与调试 ·················· 46
　　任务一　倒顺开关控制正反转控制线路的安装与调试 ················ 47
　　任务二　接触器双重联锁正反转控制线路的安装与调试 ·············· 54
　　任务三　按钮与接触器双重联锁正反转控制线路的安装与调试 ········ 59

项目三　三相异步电动机位置控制与自动往返控制线路的安装与调试 ········ 66
　　任务一　位置控制线路的安装与调试 ······························ 67
　　任务二　自动往返控制线路的安装与调试 ·························· 74

项目四　三相异步电动机顺序控制与多地控制线路的安装与调试 ·········· 81
　　任务一　两台电动机顺序启动控制线路的安装与调试 ················ 82
　　任务二　三相异步电动机多地控制线路的安装与调试 ················ 89

项目五　三相异步电动机降压启动控制线路的安装与调试 ················ 95
　　任务一　定子绕组串电阻降压启动控制线路的安装与调试 ············ 96
　　任务二　自耦变压器降压启动控制线路的安装与调试 ················ 102
　　任务三　Y – △换接降压启动控制线路的安装与调试 ················ 107

项目六　三相异步电动机制动控制线路的安装与调试 ···················· 113
　　任务一　单向反接制动控制线路的安装与调试 ······················ 114
　　任务二　能耗制动控制线路的安装与调试 ·························· 121

项目七　双速异步电动机控制线路的安装与调试 ························ 127

项目八　CA6140 型车床电气控制线路的故障检修 ················· 139
　　任务一　认识 CA6140 型车床电气控制线路 ················· 140
　　任务二　CA6140 型车床电气控制线路常见电气故障的检修 ················· 145

项目九　M7120 型平面磨床电气控制线路的故障检修 ················· 154
　　任务一　认识 M7120 型平面磨床 ················· 155
　　任务二　M7120 型平面磨床主电气控制电路常见故障的检修 ················· 162

项目十　T68 型卧式镗床电气控制线路的故障检修 ················· 167
　　任务一　认识 T68 型卧式镗床 ················· 168
　　任务二　T68 型卧式镗床电气控制线路常见故障检修 ················· 174

项目十一　X62W 型万能铣床电气控制线路的故障检修 ················· 181
　　任务一　认识 X62W 型万能铣床 ················· 182
　　任务二　X62W 型万能铣床电气控制线路常见电气故障检修 ················· 191

参考文献 ················· 196

项目一 三相异步电动机正转控制线路的安装与调试

项目需求

在生产实践中，由于生产机械的工作性质不同，对三相异步电动机的控制要求也不同，因此所需要的低压电器类型和数量不同，所构成的控制线路也不同，有的比较简单，有的相当复杂。但任何复杂的控制线路都是由一些基本控制线路组成的，电动机正转控制线路就是电动机常见的基本控制线路之一。本项目的任务是学习三相异步电动机的手动、接触器自锁、连续与点动混合正转控制线路的安装与调试。

项目工作场景

工作环境：电气、消防、卫生等符合实训安全要求的电工实训室，且具有投影仪等多媒体教学设备。

配套设备：电气安装与维修实训平台。

仪器仪表：每人配备电工常用工具一套（尖嘴钳一把，一字、十字螺丝刀各一把）、万用表一块、兆欧表一块等。

元器件及耗材：按电路安装元器件清单配备所需的元器件和耗材。

着装要求：穿工作服、穿绝缘胶鞋、戴胸牌。

方案设计

本项目以三相异步电动机正转控制线路的安装与调试为载体，配备电气安装与维修实训平台展开教学。结合本项目的知识点和技能点，将项目由浅入深分解为手动正转控制线路的安装与调试、接触器自锁正转控制线路的安装与调试、连续与点动混合正转控制线路的安装与调试三个典型任务。主要知识点包含常见低压电器的结构与功能、各正转控制线路的工作原理等相关理论知识，通过手动正转控制线路的安装与调试、接触器自锁正转控制线路的安装与调试、连续与点动混合正转控制线路的安装与调试三个具体任务实例，使读者快速掌握电气控制线路的安装、调试以及安装工艺等技能。

相关知识和技能

知识点：

（1）常见低压电器的结构、符号、功能、选用方法、安装方法以及故障处理方法等。

（2）手动正转控制线路的组成、工作原理等。

（3）接触器自锁正转控制线路的组成、工作原理等。

（4）连续与点动混合正转控制线路的组成、工作原理等。

（5）布置图、接线图的绘制方法。

（6）电器元件的安装、布线工艺规范。

技能点：

（1）常见低压电器的选用、检修以及安装。

（2）按工艺要求布线。

（3）手动正转控制线路的安装与调试。

（4）接触器自锁正转控制线路的安装与调试。

（5）连续与点动混合正转控制线路的安装与调试。

（6）绘制布置图、接线图。

任务一　手动正转控制线路的安装与调试

任务目标

（1）了解常用低压电器的结构，初步掌握常见低压电器的选用标准和检修方法。

（2）能正确理解手动正转控制电路的工作原理。

（3）能正确识读手动正转控制原理图，正确绘制布置图、接线图。

（4）正确安装手动正转控制线路，安装、布线技术符合安装工艺规范。

（5）能够调试、检修手动正转控制线路。

任务分析

　　手动正转控制线路是通过低压开关来控制电动机单向启动和停止的，在工厂中常被用来控制三相电风扇、砂轮机等设备。手动正转控制线路包括刀开关控制、组合开关控制和低压断路器控制的三相异步电动机线路。手动正转控制线路安装与调试任务的具体要求如下。

　　（1）掌握手动正转控制线路的相关知识。

　　（2）合理选择低压电器，检测元器件的质量、核对元器件的数量。

　　（3）在规定时间内，依据电路图和布线的工艺要求，正确、熟练地安装，准确、安全地连接电源，在教师的保护下进行通车试验。

（4）正确使用仪器仪表，安装、布线技术应符合工艺要求。

（5）做到安全操作、文明生产。

知识准备

一、常用低压电器的识别

电器就是一种能根据外界的信号和要求手动或自动地接通或断开电路，实现对电路或非电对象的切换、控制、保护、检测和调节的元件和设备。根据工作电压的高低，电器可分为高压电器和低压电器。工作在交流额定电压 1 200 V 以下、直流额定电压 1 500 V 以下的电器称为低压电器。低压电器作为一种基本元器件，被广泛用于输配电系统和电力拖动系统中，它对电能的产生、输送、分配与应用起着开关、控制、保护与调节等作用。此外，低压电器在实际生产中也起着非常重要的作用。

（一）低压电器的分类

如图 1 - 1 - 1 所示是几种常见的低压电器。低压电器的种类繁多，分类方法也很多，其常见的分类方法如表 1 - 1 - 1 所示。

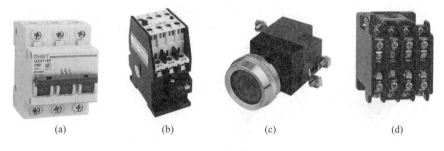

（a） （b） （c） （d）

图 1 - 1 - 1 几种常见的低压电器

（a）低压断路器；（b）交流接触器；（c）按钮；（d）熔断器

表 1 - 1 - 1 低压电器常见的分类方法

分类方法	类别	说明及用途
按低压电器的用途和所控制的对象分	低压配电器	包括低压开关、低压熔断器等，主要用于低压配电系统及动力设备中
	低压控制器	包括接触器、继电器、电磁铁等，主要用于电力拖动与自动控制系统中
按低压电器的动作方式分	自动切换电器	依靠电器本身参数的变化或外来信号的作用，自动完成接通或分断等动作的电器，如接触器、继电器等
	非自动切换电器	主要依靠外力（如手控）直接操作来进行切换的电器，如按钮、低压开关等
按低压电器的执行机构分	有触点电器	具有可分离的动触点和静触点，利用触点的接触和分离来实现电路的接通和分断控制，如接触器、继电器等
	无触点电器	没有可分离的触点，主要利用半导体元器件的开关效应来实现电路的通断控制，如接近开关、固态继电器等

（二）低压开关

在电力拖动系统中，低压开关多数用作机床电路的电源开关和局部照明电路的控制开关，有时也可用来直接控制小容量电动机的启动、停止和正反转。低压开关主要用于隔离、转换、接通和分断电路中，一般为非自动切换电器，常用的有开启式负荷开关、封闭式负荷开关、组合开关和低压断路器。

1. 开启式负荷开关

开启式负荷开关又称为瓷底胶盖刀开关，简称刀开关。如图 1 - 1 - 2 所示是 HK 系列开启式负荷开关。它结构简单、价格便宜、手动操作，适用于照明、电热设备及小容量电动机等不需要频繁接通和分断电路的控制线路，并起短路保护作用。HK 系列开启式负荷开关由刀开关和熔断器组合而成。

1）开启式负荷开关的结构与符号

开启式负荷开关的结构与符号如图 1 - 1 - 2（b）、（c）所示。开关的瓷底座上装有进线座、静触头、熔体、出线座和带瓷质手柄的刀式动触头，上面盖有胶盖，以防人员操作时触及带电体或开关分断时产生的电弧飞出伤人。

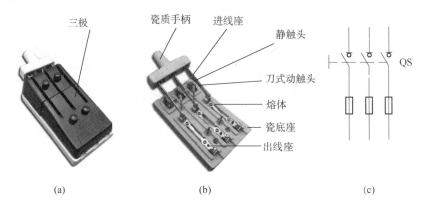

（a）　　　　　　　　（b）　　　　　　　　（c）

图 1 - 1 - 2　HK 系列开启式负荷开关

（a）外形；（b）结构；（c）符号

思考：仔细观察一下开启式负荷开关的结构，说说它是怎样控制电路接通和断开的，又是怎样实现短路保护的。

2）开启式负荷开关的型号

HK 系列开启式负荷开关的型号及含义如下。

3）开启式负荷开关的选用

HK 系列开启式负荷开关用于一般的照明电路和功率小于 5.5 kW 的电动机控制线路中。

这种开关没有专门的灭弧装置，其刀式动触头和静触头易被电弧灼伤引起接触不良，因此不宜用于操作频繁的电路。具体选用的方法如下。

（1）用于照明和电热负载时，选用额定电压为 220 V 或 250 V、额定电流不小于电路所有负载额定电流之和的两极开关。

（2）用于控制电动机的直接启动和停止时，选用额定电压为 380 V 或 500 V、额定电流不小于电动机额定电流 3 倍的三极开关。

4）开启式负荷开关的安装与使用

（1）开启式负荷开关必须垂直安装在控制屏或开关板上，且处于合闸状态时手柄应朝上，不允许倒装或平装，以防发生误合闸事故。

（2）开启式负荷开关用于控制照明和电热负载时，要装接熔断器作为短路保护。接线时应把电源进线接在静触头一边的进线座上，负载接在动触头一边的出线座上。

（3）开启式负荷开关用作电动机的控制开关时，应将开关的熔体部分用铜导线直接连接，并在出线端另外加装熔断器作为短路保护。

（4）在分闸和合闸操作时，动作应迅速，使电弧尽快熄灭。

（5）更换熔体时，必须在闸刀断开的情况下按原规格更换。

5）开启式负荷开关的常见故障及处理方法

开启式负荷开关的常见故障是触头接触不良造成电路开路或触头发热，可根据情况整修或更换触头。开启式负荷开关的常见故障及处理方法如表 1 - 1 - 2 所示。

表 1 - 1 - 2　开启式负荷开关的常见故障及处理方法

故障现象	可能的原因	处理方法
合闸后，开关一相或两相开路	静触头弹性消失，开口过大，造成动、静触头接触不良	整修或更换静触头
	熔丝熔断或虚连	更换熔丝或紧固
	动、静触头氧化或尘污	清洁触头
	开关进线或出线线头接触不良	重新连接
合闸后，熔丝熔断	外接负载短路	排除负载短路故障
	熔体规格偏小	按要求更换熔体
触头烧坏	开关容量太小	更换开关
	拉、合闸动作过慢，造成电弧过大，烧坏触头	整修或更换触头

2. 封闭式负荷开关

封闭式负荷开关是在开启式负荷开关的基础上改进设计而成的，因其外壳多为铸铁或用薄钢板冲压而成，故俗称铁壳开关，适用于交流频率为 50 Hz、额定工作电压为 380 V、额定工作电流为 400 A 的电路中，用于手动频繁接通和分断带负载的电路及线路末端的短路保护，或者控制 15 W 以下小容量交流电动机不频繁直接启动和停止。

1）封闭式负荷开关的结构与符号

HH 系列封闭式负荷开关如图 1 - 1 - 3 所示。常用的 HH 系列封闭式负荷开关的结构设计成侧面旋转操作式，它主要由操作机构、熔断器、触头系统和铁壳组成。操作机构具有快速分断装置，开关的闭合和分断速度与操作者的手动速度无关，从而保证了操作人员和设备的安全；触头系统全部封装在铁壳内，并带有灭弧室以保证安全；罩盖与操作机构设置了联锁装置，保证开关在合闸状态下罩盖不能开启、罩盖开启时不能合闸。另外，罩盖也可以加锁，以确保操作安全。封闭式负荷开关的电路符号与开启式负荷开关的电路符号相同，如图 1-1-2（c）所示。

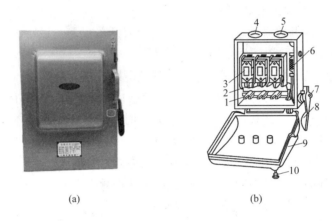

(a)   (b)

图 1-1-3　HH 系列封闭式负荷开关

(a) 外形；(b) 结构

1—动触头；2—静触头；3—熔断器；4—进线孔；5—出线孔；
6—速断弹簧；7—转轴；8—手柄；9—罩盖；10—罩盖锁紧螺栓

2）封闭式负荷开关的型号

封闭式负荷开关的型号及含义如下。

3）封闭式负荷开关的选用

封闭式负荷开关的额定电压应不小于工作电路的额定电压，额定电流应等于或稍大于电路的工作电流。用于控制电动机工作时，考虑到电动机的启动电流较大，应使开关的额定电流不小于电动机额定电流的 3 倍。

4）封闭式负荷开关的安装与使用

安装与使用封闭式负荷开关时，应注意以下几点。

（1）封闭式负荷开关必须垂直安装于无强烈振动和冲击的场合，安装高度一般离地 1.3～1.5 m，外壳必须可靠接地。

（2）接线时，应将电源进线接在静触头一边的接线端子上，负载引线接在熔断器一边的接线端子上，且进出线都必须穿过开关的进出线孔。

（3）在进行分合闸操作时，要站在开关的手柄侧，不能面对开关，以免发生意外故障，如电流过大使开关爆炸、铁壳飞出伤人。

5）封闭式负荷开关的常见故障及处理方法

封闭式负荷开关的常见故障及处理方法如表1-1-3所示。

表1-1-3 封闭式负荷开关的常见故障及处理方法

故障现象	可能原因	处理方法
操作手柄带电	外壳未接地或接地线松脱	检查后，加固接地导线
	电源进出线绝缘损坏、碰壳	更换导线或恢复绝缘
夹座（静触头）过热或烧坏	夹座表面烧毛	用细锉修整夹座
	闸刀与夹座压力不足	调整夹座压力
	负载过大	减轻负载或更换大容量开关

3. 组合开关

如图1-1-4所示是HZ系列组合开关，又称为转换开关，其特点是体积小、触头对数多、接线方式灵活、操作方便，适用于交流频率为50 Hz、交流电压在380 V以下及直流电压在220 V以下的电气线路中，用于手动不频繁地接通和分断电路、换接电源和负载，或者控制5 kW以下小容量电动机不频繁地启动、停止和正反转。

1）组合开关的结构与符号

组合开关的种类很多，常用的有HZ5、HZ10、HZ15等系列。HZ系列组合开关的外形与结构如图1-1-4（a）、（b）所示，开关的静触头装在绝缘垫板上，并附有接线柱用于与电源及负载相接，动触头装在能随转轴转动的绝缘垫板上，手柄和转轴能沿顺时针或逆时针方向转动90°，带动三个动触头分别与静触头接触或分离，实现接通和分断电路的目的。由于组合开关采用了扭簧储能结构，能快速闭合及分断，开关的闭合和分断速度与手动操作无关。HZ系列组合开关的符号如图1-1-4（c）所示。

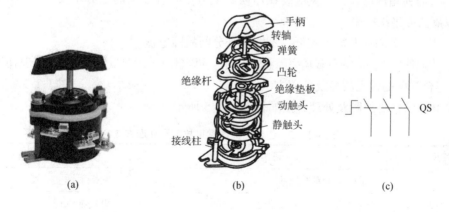

（a） （b） （c）

图1-1-4 HZ系列组合开关
（a）外形；（b）结构；（c）符号

2）组合开关的型号及含义

HZ 系列组合开关的型号及含义如下。

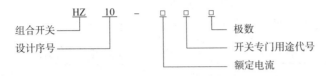

3）组合开关的选用

组合开关可分为单极、双极和多极三类，主要参数有额定电压、额定电流和极数等，额定电流有 10 A、20 A、40 A、60 A 等几个等级。HZ10 系列组合开关的主要技术数据如表 1－1－4 所示。

表 1－1－4　HZ10 系列组合开关的主要技术数据

型号	额定电压	额定电流/A		380 V 时可控电动机的功率/kW
		单极	三极	
HZ10－10		6	10	1
HZ10－25	直流 220 V	—	25	3.3
HZ10－60	或交流 380 V	—	60	5.5
HZ10－100		—	100	—

组合开关应根据电源种类、电压等级、所需触头数、接线方式和负载容量进行选用。用于控制小型异步电动机的运转时，开关的额定电流一般取电动机额定电流的 1.5 ～ 2.5 倍。

4）组合开关的安装与使用

（1）HZ 系列组合开关应安装在控制箱（或壳体）内，其操作手柄最好伸出在控制箱的前面或侧面。开关为断开状态时应使手柄在水平旋转位置。倒顺开关外壳上的接地螺钉应可靠接地。

（2）若需在箱内操作，开关应装在箱内右上方，并且在它的上方不安装其他电器，否则应采取隔离或绝缘措施。

（3）组合开关的通断能力较低，不能用来分断故障电流。

（4）当操作频率过高或负载功率因数较低时，应降低开关的容量使用，以延长其使用寿命。

5）组合开关的常见故障及处理方法

组合开关的常见故障及处理方法如表 1－1－5 所示。

表 1－1－5　组合开关的常见故障及处理方法

故障现象	可能原因	处理方法
手柄转动后，内部触头未动	手柄上的轴孔磨损变形	调换手柄
	绝缘杆变形（由方形磨为圆形）	更换绝缘杆
	手柄与方轴或轴与绝缘杆配合松动	紧固松动部件
	操作机构损坏	修理更换

续表

故障现象	可能原因	处理方法
手柄转动后，动静触头不能按要求动作	组合开关型号选用不正确	更换开关
	触头角度装配不正确	重新装配
	触头失去弹性或接触不良	更换触头、清除氧化层或尘污
接线柱间短路	因铁屑或油污附着在接线柱间形成导电层，将胶木烧焦、绝缘损坏而形成短路	更换开关

4. 低压断路器

低压断路器又叫自动空气开关或自动空气断路器，简称断路器，是低压配电网络和电力拖动系统中常用的一种配电电器。它集控制和多种保护功能于一体，在正常情况下可用于不频繁地接通和断开电路以及控制电动机运行。当电路中发生短路、过载和失压等故障时，低压断路器能自动切断故障电路，保护线路和电气设备。低压断路器具有操作安全、安装使用方便、工作可靠、动作值可调、分断能力高、兼顾多种保护、动作后不需要更换元件等优点，因此得到了广泛应用。常见的低压断路器如图1－1－5所示。

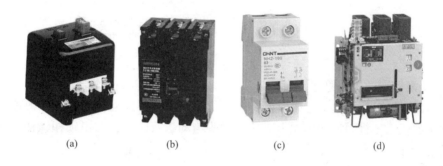

|(a)|(b)|(c)|(d)|

图1－1－5 常见的低压断路器
（a）DZ25系列塑壳式；（b）DZ15系列塑壳式；（c）NH2－100隔离开关式；（d）DW15系列万能式

1）低压断路器的结构及符号

DZ5系列低压断路器的结构如图1－1－6（a）所示，它由触头系统、灭弧装置、操作机构、热脱扣器、电磁脱扣器及绝缘外壳等部分组成。DZ5系列低压断路器有三对主触头、一对常开辅助触头和一对常闭辅助触头，使用时三对主触头串联在被控制的三相电路中，用以接通和分断主回路的电流。按下绿色"合"按钮时，接通电路；按下红色"分"按钮时，切断电路。当电路出现短路、过载等故障时，低压断路器会自动跳闸、切断电路。辅助常开触头和辅助常闭触头可用于信号指示或电路控制。主、辅助触头的接线柱伸出壳外，便于接线。低压断路器的热脱扣器用于过载保护，整定电流的大小由其电流调节装置调节。低压断路器按结构形式可分为塑壳式（又称装置式）、框架式（又称万能式）、限流式、直流快速式、灭磁式和漏电保护式六类。DZ5系列低压断路器的符号如图1－1－6（b）所示。

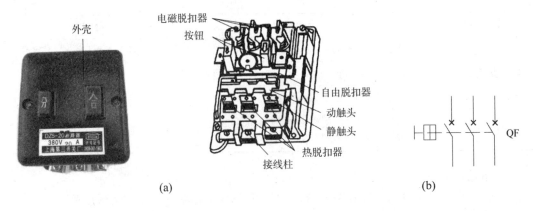

图 1-1-6 DZ5 系列低压断路器的结构及符号

(a) 结构；(b) 符号

2) 低压断路器的型号及含义

DZ5 系列低压断路器的型号及含义如下。

3) 低压断路器的工作原理

低压断路器的工作原理示意如图 1-1-7 所示。当按下接通按钮时，外力使锁扣克服反作用弹簧的反力，将固定在锁扣上面的静触头与动触头闭合，并由锁扣锁住搭钩，使静触头与动触头保持闭合，开关处于接通状态。

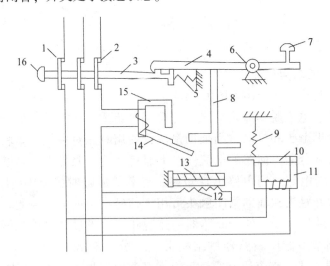

图 1-1-7 低压断路器的工作原理示意

1—主触头；2—静触头；3—锁扣；4—搭钩；5—反作用弹簧；6—转轴座；7—分断按钮；8—杠杆；9—拉力弹簧；10—欠压脱扣器衔铁；11—欠压脱扣器；12—热元件；13—双金属片；14—电磁脱扣器衔铁；15—电磁脱扣器；16—接通按钮

当线路发生过载时，过载电流流过热元件，电流的热效应使双金属片受热向上弯曲，通过杠杆推动搭钩与锁扣脱扣，在弹簧力的作用下，动、静触头分断，切断电路，完成过流保护。

当电路发生短路故障时，短路电流使电磁脱扣器产生很大的磁力吸引衔铁，衔铁撞击杠杆推动搭钩与锁扣脱扣，切断电路，完成短路保护。一般电磁脱扣器的整定电流在低压断路器出厂时定为 $10I_N$（I_N 为低压断路器的额定电流）。

当电路欠压时，欠压脱扣器上产生的电磁力小于拉力弹簧上的力，在弹簧的作用下衔铁松脱，衔铁撞击杠杆推动搭钩与锁扣脱扣，切断电路，完成欠压保护。

4）低压断路器的选用

（1）低压断路器的额定电压和额定电流不应小于线路、设备的正常工作电压和工作电流。

（2）热脱扣器的整定电流应等于所控制负载的额定电流。

（3）电磁脱扣器的瞬时脱扣整定电流应大于负载电路正常工作时的峰值电流。用于控制电动机的断路器的瞬时脱扣整定电流可按下式选取：

$$I_Z \geq KI_{ST}$$

式中，K 为安全系数，可取 $1.5 \sim 1.7$；I_{ST} 为电动机的启动电流。

（4）欠压脱扣器的额定电压应等于线路的额定电压。

（5）断路器的极限通断能力不应小于电路的最大短路电流。

5）低压断路器的安装与使用

（1）低压断路器应垂直安装，电源线接在上端，负载线接在下端。

（2）低压断路器用作电源总开关或电动机的控制开关时，在电源进线侧必须加装刀开关或熔断器等，以形成明显的断开点。

（3）使用低压断路器前应将脱扣器工作面上的防锈油脂擦净，以免影响其正常工作。同时应定期检修，清除低压断路器上的积尘，给操作机构添加润滑剂。

（4）各脱扣器的动作值调整好后不允许随意变动，并应定期检查各脱扣器的动作值是否满足要求。

（5）低压断路器的触头使用一定次数或分断短路电流后，应及时检查触头系统，如果触头表面有毛刺、颗粒等，应及时维修或更换。

6）低压断路器的常见故障及处理方法

低压断路器的常见故障及处理方法如表 1 – 1 – 6 所示。

表 1 – 1 – 6　低压断路器的常见故障及处理方法

故障现象	可能原因	处理方法
不能合闸	欠压脱扣器无电压或线圈损坏	检查施加电压或更换线圈
	储能弹簧变形	更换储能弹簧
	反作用机构不能复位再扣	调整再扣接触面至规定值
电流达到整定值，断路器不动作	热脱扣器双金属片损坏	更换双金属片
	电磁脱扣器的衔铁与铁芯距离太远或电磁线圈损坏	调整衔铁与铁芯的距离或更换断路器
	主触头熔焊	检查原因并更换主触头

续表

故障现象	可能原因	处理方法
启动电动机时断路器立即分断	电磁脱扣器瞬时整定值过小	调高整定值至规定值
	电磁脱扣器的某些零件损坏	更换电磁脱扣器
断路器闭合一定时间后自行分断	热脱扣器整定值过小	调高整定值至规定值
断路器温升过高	触头压力过小	调整触头压力或更换弹簧
	触头表面过分磨损或接触不良	更换触头或修整接触面
	两个导电零件连接螺钉松动	重新拧紧

(三) 低压熔断器

低压熔断器是低压配电系统和电力拖动系统中的保护电器。常见的几种低压熔断器如图 1-1-8 所示。在使用时，低压熔断器串联在所保护的电路中，当该电路发生过载或短路故障时，通过低压熔断器的电流达到或超过了某一规定值，其自身产生的热量使熔体熔断而自动切断电路，从而起到保护作用。电气设备的电流保护有过载延时保护和短路瞬时保护两种主要形式。

(a)　　　　　(b)　　　　　(c)　　　　　(d)

(e)　　　　　　　　　　(f)

图 1-1-8　常见的几种低压熔断器

(a) 瓷插式；(b) 螺旋式；(c) RM10 系列无填料封闭管式；(d) RT15 系列螺栓式

(e) RT18 系列圆筒帽形；(f) RT0 系列有填料封闭管式

提示：过载一般是指 10 倍额定电流以下的过电流，短路则是指 10 倍额定电流以上的过电流。但应注意，过载保护和短路保护不仅仅是电流倍数不同，实际上无论是从特性方面、参数方面还是工作原理方面来看，差异都很大。

1. 低压熔断器的结构及符号

低压熔断器主要由熔体、安装熔体的熔管和熔座三部分组成，如图1-1-9所示。熔体是低压熔断器的核心，常做成丝状、片状或栅状，制作熔体的材料一般有铅锡合金、锌、铜、银等，根据保护的要求而定。熔管是熔体的保护外壳，用耐热绝缘材料制成，在熔体熔断时兼有灭弧作用。熔座是低压熔断器的底座，其作用是固定熔管和外接引线。

|(a)|(b)|(c)|

图1-1-9　低压熔断器的结构及符号
(a) 熔座；(b) 熔管、熔体；(c) 符号

2. 低压熔断器的型号及含义

低压熔断器的型号及含义如下。

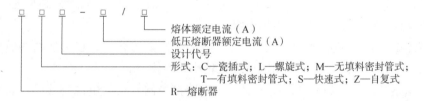

例如，型号RC1A-15/10中的R表示熔断器，C表示瓷插式，设计代号为1A，低压熔断器额定电流是15 A，熔体额定电流是10 A。

3. 低压熔断器的选用

1）低压熔断器类型的选用

根据使用环境、负载性质和短路电流的大小选用适当类型的熔断器。例如，对于容量较小的照明电路，应选用RT18系列圆筒帽形熔断器或RC1A系列瓷插式熔断器；对于短路电流相当大的电路或有易燃气体的环境，应选用RT0系列有填料密封管式熔断器；在机床控制线路中，多选用RL系列螺旋式熔断器；用于半导体功率元件及晶闸管的保护时，应选用RLS系列快速式熔断器。

2）低压熔断器额定电压和额定电流的选用

低压熔断器的额定电压必须等于或大于线路的额定电压；低压熔断器的额定电流必须等于或大于所装熔体的额定电流；低压熔断器的分断能力应大于电路中可能出现的最大短路电流。

3）熔体额定电流的选用

(1) 对于照明和电热等电流较平稳、无冲击电流的负载的短路保护而言，熔体的额定电流应等于或稍大于负载的额定电流。

（2）对一台不经常启动且启动时间不长的电动机的短路保护而言，熔体的额定电流应大于或等于 1.5~2.5 倍电动机额定电流 I_N，即

$$I_{RN} \geq (1.5 \sim 2.5)I_N$$

（3）对于多台电动机的短路保护而言，熔体的额定电流应大于或等于其中最大容量电动机的额定电流 I_{Nmax} 的 1.5~2.5 倍，再加上其余电动机额定电流的总和 $\sum I_N$，即

$$I_{RN} \geq (1.5 \sim 2.5)I_{Nmax} + \sum I_N$$

4. 低压熔断器的安装与使用

（1）安装与使用的低压熔断器应完整无损，并标有额定电压、额定电流。

（2）安装低压熔断器时，应保证熔体与夹头、夹头与夹座接触良好。瓷插式熔断器应垂直安装。螺旋式熔断器接线时，电源线应接在下接线座上，负载线应接在上接线座上，以保证能安全地更换熔管。

（3）低压熔断器内要安装合格的熔体，不能用多根小规格的熔体并联代替一根大规格的熔体，在多级保护的场合各级熔体应相互配合，上一级低压熔断器的额定电流等级以大于下一级低压熔断器的额定电流等级两级为宜。

（4）更换熔体或熔管时，必须切断电源，尤其是不允许带负荷操作，以免发生电弧灼伤。管式熔断器的熔体应用专用的绝缘插拔器进行更换。

（5）RM10 系列低压熔断器在切断过三次相当于分断能力的电流后，必须更换熔断管，以保证能可靠地切断所规定分断能力的电流。

（6）熔体熔断后，应分析原因，排除故障后再更换新的熔体。在更换新的熔体时，不能轻易改变熔体的规格，更不能使用铜丝或铁丝代替熔体。

（7）低压熔断器兼作隔离器件使用时，应安装在控制开关的电源进线端；若仅作为短路保护使用，应安装在控制开关的出线端。

5. 低压熔断器的常见故障及处理方法

低压熔断器的常见故障及处理方法如表 1-1-7 所示。

表 1-1-7　低压熔断器的常见故障及处理方法

故障现象	可能原因	处理方法
电路接通瞬间，熔体熔断	熔体电流等级选择小	更换熔体
	负载侧短路或接地	排除负载故障
	熔体安装时受机械损伤	更换熔体
熔体未熔断，但电路不同	熔体或接线座接触不良	重新连接

二、三相异步电动机手动正转控制线路的组成

手动正转控制线路是通过低压开关来控制电动机单向启动和停止的。如图 1-1-10 所示分别为由开启式负荷开关、封闭式负荷开关、组合开关和低压断路器控制的三相异步电动机手动正转控制线路。其中图 1-1-10（a）中的 QS 为开启式负荷开关，FU 为熔断器；

图1-1-10（b）中的 QS 为封闭式负荷开关，FU 为熔断器；图1-1-10（c）中的 QS 为组合开关，FU 为熔断器；图1-1-10（d）中的 QF 为低压断路器，FU 为熔断器。在以上线路中，低压开关用作接通、断开电源，熔断器用作短路保护。线路的工作原理如下。

启动：合上低压开关 QS 或 QF→电动机 M 接通电源，启动运转。

停止：断开低压开关 QS 或 QF→电动机 M 脱离电源，停止运转。

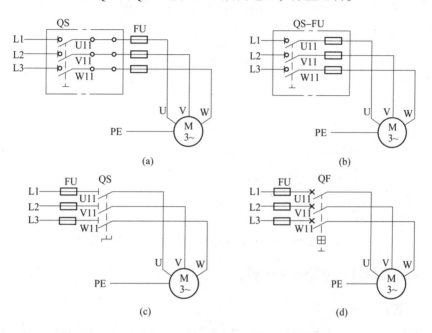

图1-1-10 三相异步电动机手动正转控制线路

（a）由开启式负荷开关控制；（b）由封闭式负荷开关控制；（c）由组合开关控制；（d）由低压断路器控制

任务实施

一、检查元器件

（1）检查元器件、耗材与表1-1-8中的型号是否一致。

（2）检查各元器件是否完整无损，配件是否齐全。

表1-1-8 手动正转控制线路耗材及元器件明细

序号	名称	型号与规格	单位	数量
1	三相笼型异步电动机	Y10012-4，4 kW、380 V、8.8 A、△形接法、1 440 r/min	台	1
2	开启式负荷开关	HK1-30/3，三极、380 V、30 A、熔体直连	个	1
3	封闭式负荷开关	HK4-30/3，三极、380 V、30 A、配熔体20 A	个	1
4	组合开关	HZ10-25/3，三极、380 V、25 A	个	1
5	低压断路器	D25-20/330，三极复式脱扣器、380 V、20 A、整定电流20 A	只	1
6	瓷插式熔断器	RC1A-30/20，380 V、30 A、熔体20 A	只	3

序号	名称	型号与规格	单位	数量
7	接线端子排	JX2 - 1015，500 V、10 A、15 节	条	1
8	螺丝、螺母、平垫圈	M4 × 25 mm 或 M4 × 15 mm	套	若干
9	塑料软铜线	BVR - 1 mm^2，颜色：黑色或自定	米	若干
10	塑料软铜线	BVR - 0.75 mm^2，颜色：红色或自定	米	若干
11	塑料软铜线	BVR - 1.5 mm^2，颜色：黄绿双色	米	若干
12	别径压端子	UT2.5 - 4，UT1 - 4	个	若干
13	行线槽	TC3025，长 34 cm，两边打 ϕ3.5 mm 孔	条	若干
14	异形编码套管	ϕ3.5 mm	米	若干

对工具、仪表及器材的质检要求如下。

（1）根据电动机规格检验选配的工具、仪表、器材等是否满足要求。

（2）元器件外观应完整无损，附件、备件齐全。

（3）用万用表、兆欧表检测元器件及电动机的技术数据是否符合要求。

二、绘制元器件布置图和接线图

（一）布置图

布置图是根据元器件在控制板上的实际安装位置，采用简化的外形符号（如正方形、矩形、圆形等）而绘制的一种简图。它不表示各种元器件的具体结构、作用、接线情况以及工作原理，主要用于元器件的布置和安装。布置图中各元器件的文字符号必须与电路图和接线图的标注相一致。

绘制元器件布置图，经教师检查合格后在控制板上安装元器件。元器件安装应牢固，并符合工艺要求，按布置图在控制板上安装元器件，并贴上醒目的文字符号。以开启式负荷开关为例，其元器件布置和元器件安装分别如图 1 - 1 - 11、图 1 - 1 - 12 所示。

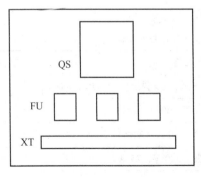

图 1 - 1 - 11　开启式负荷开关控制线路元器件布置

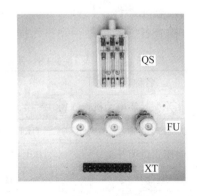

图 1 - 1 - 12　开启式负荷开关控制线路元器件安装

（二）接线图

接线图是根据电气设备和电器元件的实际位置和安装情况绘制的，只是用来表示电气设备和电器元件的位置、配线方式和接线方式，而不明显表示电气动作原理。接线图主要用于安装接线、线路的检查维修和故障处理。在实际工作中，电路图、接线图和布置图要结合起来使用。绘制、识读接线图应遵循以下原则。

（1）接线图一般包括如下内容：电气设备和电器元件的相对位置、文字符号、端子号、导线号、导线类型、导线截面积、屏蔽和导线绞合等。

（2）所有的电气设备和电器元件都按其所在的实际位置绘制在图纸上，且同一电器的各元件根据其实际结构，使用与电路图相同的图形符号画在一起，并用点画线框上，其文字符号以及接线端子的编号应与电路图中的标注一致，以便对照检查接线。

（3）接线图中的导线有单根导线、导线组（或线扎）、电缆等之分，可用连续线和中断线条表示。凡导线走向相同的可以合并，用线束来表示，到达接线端子板或电器元件的连接点时再分别画出。在用线束表示导线组、电缆等时可用加粗的线条表示，在不引起误解的情况下也可采用部分加粗线条表示。另外，导线及管子的型号、根数和规格应标注清楚。开启式负荷开关控制电路布线如图 1 - 1 - 13 所示。

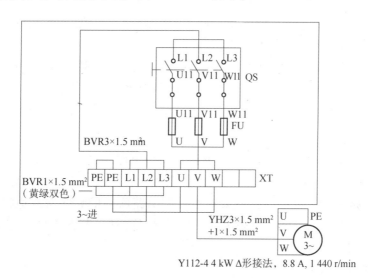

Y112-4 4 kW Δ形接法，8.8 A，1 440 r/min

图 1 - 1 - 13　开启式负荷开关控制电路布线

三、布线

（一）导线的选用

1. 导线的类型

硬线只能用在固定安装的不动部件之间，且导线的截面积应小于 0.5 mm²。在有可能出现振动的场合必须采用软线。

电源开关的负载侧可采用裸导线，但必须是直径大于 3 mm 的圆导线或者厚度大于 2 mm 的扁导线，并应有预防直接接触的保护措施（如绝缘、间距、屏护等）。

2. 导线的绝缘性能

导线必须绝缘良好，并应具有抗化学腐蚀能力。在特殊条件下工作的导线必须同时满足使用条件的要求。

3. 导线的截面积

导线的截面积在必须能承受正常条件下流过的最大稳定电流的同时，还应考虑线路允许的电压降、导线的机械强度和与熔断器的配合。

（二）敷线方法

所有导线从一个端子到另一个端子的走线必须是连续的，中间不得有接头。有接头的地方应加装接线盒，接线盒的位置应便于安装与维修，而且必须加盖，盒内导线必须留有足够的长度，以便拆线和接线。敷线时，明露导线必须符合平直、整齐、走线合理等要求。

（三）接线方法

所有导线的连接必须牢固，不得松动。在任何情况下，连接器件必须与连接导线的截面积和材料性质相适应。

对于导线与端子的接线而言，一般一个端子只连接一根导线。当端子不适合连接软导线时，导线端头可采用针形、叉形等冷压接线头。如果采用专门设计的端子，可以连接两根或多根导线，但导线的连接方式必须是工艺上成熟的方式，如夹紧、压接、焊接、绕接等。这些连接工艺应严格按照工序要求进行。

导线的接头除必须采用焊接接头外，所有导线应当采用冷压接线头。如果电气设备在正常运行期间需要承受很大振动，则不允许采用焊接接头。

（四）导线的标志

1. 导线的颜色标志

保护导线（PE）必须采用黄绿双色导线；动力电路中的中线（N）和中间线（M）必须采用浅蓝色导线；交流或直流动力电路应采用黑色导线；交流控制电路采用红色导线；直流控制电路采用蓝色导线；如果用作控制电路联锁的导线与外边控制电路连接，而且当电源开关断开时仍带电，应采用橘黄色或黄色导线；与保护导线连接的电路采用白色导线。

2. 导线的线号标志

导线的线号标志应与原理图和接线图相符合。在每一根连接导线的线头上必须套上标有线号的套管，位置应接近端子处。线号的编制方法如下。

主电路三相电源按相序自上而下编号为 L1、L2、L3；经过电源开关后，在出线端子上按相序依次编号为 U11、V11、W11。主电路中各支路的编号应从上至下、从左至右，每经过一个电器元件的线桩后编号都要递增，如 U11、V11、W11、U12、V12、W12……。单台三相交流电动机（或设备）的三根引出线按相序依次编号为 U、V、W（或用 U1、V1、W1表示）。为了不引起误解和混淆，多台电动机引出线的编号可在字母前冠以数字来区别，如 1U、1V、1W，2U、2V、2W……。在不产生矛盾的情况下，字母后应尽可能避免采用双数字，如单台电动机引出线的线号标志采用 U、V、W，三相电源开关后的出线端编号可为 U1、V1、W1。当电路编号与电动机线号标志相同时，三相应同时跳过一个编号来避免重复。

控制电路与照明、指示电路应从上至下、从左至右逐行用数字依次编号，每经过一个电器元件的接线端子，编号都要递增。除控制电路编号的起始数字必须从数字 1 开始外，其他辅助电路依次递增 100 作为起始数字，如照明电路编号从 101 开始、信号电路编号从 201 开始等。

（五）工艺要求

（1）布线通道要尽可能少，同路并行导线按主、控电路分类集中单层密排，紧贴安装面布线。

（2）同一平面的导线应高低一致或前后一致，不能交叉。当导线非交叉不可时，该根导线应在接线端子引出时就水平架空跨越，但必须走线合理。

（3）布线应横平竖直、分布均匀，变换走向时应垂直转向。

（4）布线时严禁损伤线芯和导线绝缘层。

（5）布线顺序一般以接触器为中心，由内向外、由低至高，先控制电路、后主电路的顺序进行，以不妨碍后续布线为原则。

（6）在每根剥去绝缘层导线的两端套上编码套管。所有从一个接线端子（或接线桩）到另一个接线端子（或接线桩）的导线都必须连续，中间无接头。

（7）导线与接线端子或接线桩连接时，不得压绝缘层、不反圈及不露铜过长。

（8）同一元件、同一回路的不同接点的导线间距离应保持一致。

（9）一个电器元件接线端子上的连接导线不得多于两根，每节接线端子板上的连接导线一般只允许连接一根。

四、自检

（一）按电路图或接线图逐段检查

自检操作一般先按电路图或接线图进行粗略检查。按电路图或接线图从电源端开始，逐段核对接线及接线端子处线号是否正确，有无漏接、错接之处。检查导线接点是否符合要求，压接是否牢固。同时注意接点接触应良好，避免带负载运转时产生闪弧现象。

（二）用万用表检查线路的通断情况

检查时，应选用倍率适当的电阻挡，并进行校零，以防发生短路故障。检查电路时可将表笔分别依次搭在 U、L1，V、L2，W、L3 线端上，读数应为"0"。

五、连接电源、通电试车

（1）在通电试车过程中，必须保证学生的人身安全和设备的安全，在教师指导下规范操作，学生不得私自通电。

（2）在确认元器件、接线、负载和电源无误后，清理实训工作台上的杂物，告知周围的学生准备试车，在教师的监督下通电。

（3）熟悉操作过程、进行试车。

学生合上电源开关 QS 后，观察电动机转动是否正常，若出现异常情况，应及时切断电源，立即停车。在试车过程中，随时观察电动机的运行情况是否正常等，但不得对线路接线是否正确进行带电检查。

（4）当出现故障、需要带电检查时，必须在教师现场监护的情况下进行。检修完毕后，如果需要再次试车，也应该在教师现场监护下进行，并做好时间记录。

（5）通电试车结束后，应先切断电源，再拆除电动机线。

注意： 当出现故障、需要带电检查时，必须在教师现场监护的情况下进行。检修完毕后，如果需要再次试车，也应该在教师现场监护下进行，并做好时间记录。

任务总结

三相异步电动机手动正转控制线路是最基本、最简单的电气控制线路之一，本任务以三相异步电动机手动正转控制线路的安装与调试为主线，学习低压开关、低压断路器、低压熔断器等低压电器的结构、选用标准和检修方法，掌握手动正转控制电路的工作原理、识读原理图、绘制布置图、绘制接线图、掌握控制线路的安装工艺要求，安装、调试和检修三相异步电动机正转控制电路。在提升学生理论知识的同时，提高学生的动手操作技能，为后续学习打下基础。

任务二　接触器自锁正转控制线路的安装与调试

任务提出

手动控制线路的特点是结构简单，使用的控制设备比较少，但使用负荷开关控制的工作强度大且安全性差；组合开关的通断能力差，且不能频繁通断；低压电器又不便于实现远距离控制和自动控制。而生产机械常常需要具有频繁通断、远距离控制和自动控制等功能，如电动葫芦中的起重电动机控制、车床拖板箱中的快速移动电动机控制等。

任务目标

（1）掌握按钮、接触器和热继电器的结构、符号、工作原理及选用方法等。

（2）掌握点动正转控制线路的原理图并理解其工作原理。

（3）掌握接触器自锁正转控制线路的原理图并理解其工作原理。

（4）掌握按钮、接触器和热继电器的安装与检修。

（5）能绘制接触器自锁正转控制线路的布线图与元器件布置图。

（6）能安装、调试接触器自锁正转控制线路。

任务分析

点动正转控制线路、接触器自锁控制线路、具有过载保护的接触器自锁控制线路是本次学习任务中涉及的三个控制线路。在任务实施环节，我们选用安装、调试具有过载保护的接触器自锁控制线路作为实训内容进行学习。具体学习任务如下：

（1）掌握自锁正转控制线路的相关知识。

（2）合理选择按钮、接触器、热继电器等低压电器。

（3）检测元器件的质量、核对元器件的数量。

（4）在规定时间内，依据电路图和布线的工艺要求，正确、熟练地安装，准确、安全地连接电源，在教师的保护下进行通车试验。

（5）正确使用仪器仪表，安装、布线技术符合工艺要求。

（6）做到安全操作、文明生产。

知识储备

一、认识按钮、接触器、热继电器等低压开关

（一）按钮

按钮是一种手动操作接通或分断小电流控制电路的主令电器。一般情况下，按钮不直接控制主电路的通断，主要通过按钮开关远距离发出手动指令或信号来控制接触器、继电器等电磁装置，实现主电路的分合、功能转换或电气联锁。如图 1 - 2 - 1 所示是常见的按钮。

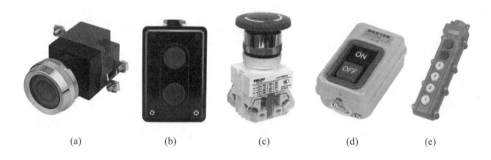

(a)　　　　(b)　　　　(c)　　　　(d)　　　　(e)

图 1 - 2 - 1　常见的按钮

（a）LA18 - 19 系列；（b）LA4 系列；（c）LAY7 系列；（d）BS 系列；（e）COB 系列

1. 按钮的结构原理和符号

按钮一般由按钮帽、桥式动触头、复位弹簧、外壳及支柱连杆等组成。按钮按静态时触头的分合状态，可分为启动按钮（常开按钮）、停止按钮（常闭按钮）及复合按钮（常开、常闭组合为一体的按钮）。按钮的结构与符号如图 1 - 2 - 2 所示，不同类型和用途的按钮符号如图 1 - 2 - 3 所示。

对于启动按钮而言，按下按钮帽时触头闭合，松开后触头自动断开复位。停止按钮则相反，按下按钮帽时触头分断，松开后触头自动闭合复位。对于复合按钮而言，当按下按钮帽时，桥式动触头向下运动，使常闭触头先断开，常开触头再闭合；当松开按钮帽时，则常开触头先分断复位，常闭触头再闭合复位。

为了便于识别各个按钮的作用、避免误操作，通常用不同的颜色和符号标志来区分按钮的作用。按钮颜色的含义如表 1 - 2 - 1 所示。

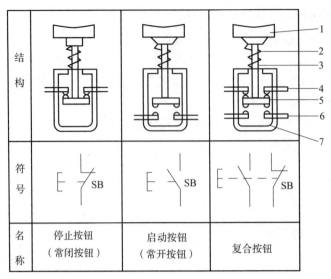

图 1 - 2 - 2　按钮的结构与符号

1—按钮帽；2—复位弹簧；3—支柱连杆；

4—常闭静触头；5—桥式动触头；6—常开静触头；7—外壳

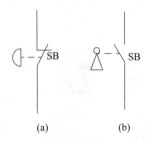

(a)　　　　　　　　(b)

图 1 - 2 - 3　不同类型和用途的按钮符号

(a) 急停按钮；(b) 钥匙操作式按钮

表 1 - 2 - 1　按钮颜色的含义

颜色	含义	说明	应用举例
红	紧急	危险或紧急情况时操作	急停
黄	异常	异常情况时操作	干预、制止异常情况，干预、重新启动中断了的自动循环
绿	安全	安全情况或为正常情况准备时操作	启动/接通
蓝	强制	要求强制动作情况下的操作	复位功能
白	未赋予特定含义	除急停以外的一般功能的启动（见注）	启动/接通（优先）停止/断开
灰			启动/接通停止/断开
黑			启动/接通停止/断开（优先）

注：如果用代码辅助手段（如标记、形状、位置）来识别按钮操作，则同一颜色（白、灰或黑）可用于标注各种不同功能，如白色用于标注启动/接通和停止/断开。

另外，根据不同需要，可将单个按钮组成双联按钮、三联按钮或多联按钮，如将两个独立的按钮安装在同一个外壳上组成双联按钮，这里的"联"指的是同一个开关面板上有几个按钮。双联按钮、三联按钮可用于电动机的启动、停止、正转、反转、制动等控制。有时也可将若干按钮集中安装在一块控制板上，以实现集中控制，称为按钮站。

2. 按钮的型号及含义

结构形式代号的含义如下。

K——开启式，适用于嵌装在操作面板上；

H——保护式，带保护外壳，可防止内部零件受机械损伤或人偶然触及带电部分；

S——防水式，具有密封外壳，可防止雨水侵入；

F——防腐式，能防止腐蚀性气体进入；

J——紧急式，带有红色"大蘑菇"钮头（突出在外），用于紧急切断电源；

X——旋钮式，用旋钮旋转进行操作，有通和断两个位置；

Y——钥匙操作式，用钥匙插入进行操作，可防止误操作或供专人操作；

D——光标按钮，按钮内装有信号灯，兼作信号指示。

3. 按钮的选用

（1）根据使用场合和具体用途选择按钮的种类。例如，嵌装在操作面板上的按钮可选用开启式；需要显示工作状态时选用光标式；需要防止无关人员误操作的重要场合宜用钥匙操作式；有腐蚀性气体的场合用防腐式。

（2）根据工作状态指示和工作情况要求，选择按钮或指示灯的颜色。例如，启动按钮可选用白、灰或黑色，优先选用白色，也允许选用绿色。急停按钮应选用红色。停止按钮可选用黑、灰或白色，优先用黑色，也允许选用红色。

（3）根据控制回路的需要选择按钮的数量，如单联钮、双联钮和三联钮等。

4. 按钮的安装与使用

（1）按钮安装在面板上时，应布置整齐、排列合理，如根据电动机启动的先后顺序，从上到下或从左到右排列。

（2）当同一机床运动部件有几种不同的工作状态（如上、下，前、后，松、紧等）时，应使每一对相反状态的按钮安装在一组。

（3）按钮的安装应牢固，安装按钮的金属板或金属按钮盒必须可靠接地。

（4）按钮的触头间距较小，如有油污等极易发生短路故障，应注意保持触头间的清洁。

（5）光标按钮一般不宜用于需长期通电显示的地方，以免塑料外壳过热而变形，使换灯泡困难。

5. 按钮的常见故障及处理方法

按钮的常见故障及处理方法如表 1-2-2 所示。

表1-2-2 按钮的常见故障及处理方法

故障现象	可能原因	处理方法
触头接触不良	触头烧坏	修整触头或更换产品
	触头表面有尘垢	清洁触头表面
	触头弹簧失效	重绕弹簧或更换产品
触头间短路	塑料受热变形导致接线螺钉相碰短路	查明发热原因，排除故障并更换产品
	杂物或油污在触头上形成通路	清洁按钮内部

（二）接触器

接触器是一种自动的电磁式开关，触头的通断不是由手来控制的，而是由电动操作的，属于自动切换电器。接触器的优点是能实现远距离自动操作，具有欠压和失压自动释放保护功能，控制容量大、工作可靠、操作频率高、使用寿命长，适用于远距离频繁地接通或断开交直流主电路及大容量控制电路。接触器的主要控制对象是电动机，也可用于控制其他负载，如电热设备、电焊机以及电容器组等，在电力拖动系统中应用广泛。接触器按主触头通过的电流种类分为交流接触器和直流接触器两种。常见的交流接触器如图1-2-4所示。

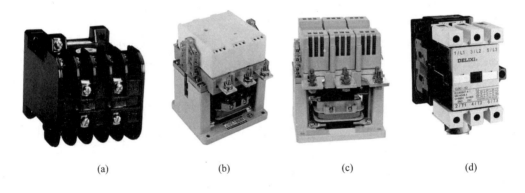

(a)　　　　　　　(b)　　　　　　　(c)　　　　　　　(d)

图1-2-4 常见的交流接触器

（a）CJ10（CJTI）系列；（b）CJ20系列；（c）CJ40系列；（d）XJX1（3TB、3TF）系列

1. 交流接触器

1）交流接触器的结构

交流接触器主要由电磁系统、触头系统、灭弧装置和辅助部件等组成。交流接触器的结构如图1-2-5所示。

（1）电磁系统。电磁系统主要由线圈、静铁芯和动铁芯（衔铁）三部分组成，静铁芯在下，动铁芯在上，线圈装在静铁芯上。铁芯是交流接触器发热的主要部件，静、动铁芯一般用E形硅钢片叠压而成，以减少铁芯的磁滞和涡流损耗，避免铁芯过热。另外，在E形铁芯的中柱端面留有0.1~0.2 mm的气隙，以减小剩磁影响，避免线圈断电后衔铁粘住不能释放。铁芯的两个端面上嵌有短路环（图1-2-6），用以消除电磁系统的振动和噪声。线圈做成粗而短的圆筒形，且在线圈和铁芯之间留有空隙，以增强铁芯的散热效果。

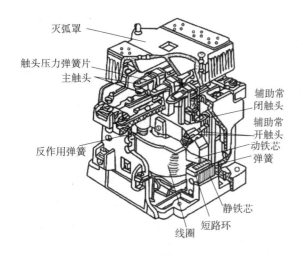

图 1 – 2 – 5　交流接触器的结构　　　　图 1 – 2 – 6　交流接触器铁芯的短路环

交流接触器利用电磁系统中线圈的通电或断电，使静铁芯吸合或释放衔铁，从而带动动触头与静触头闭合或分断，实现电路的接通或断开。

（2）触头系统。交流接触器的触头按接触情况可分为点接触式、线接触式和面接触式三种，如图 1 – 2 – 7 所示。触头按通断能力可分为主触头和辅助触头。主触头用于通断电流较大的主电路，一般由三对常开触头组成；辅助触头用于通断电流较小的控制电路，一般由两对常开触头和两对常闭触头组成。所谓触头的常开和常闭，是指电磁系统未通电动作前触头的状态。常开触头和常闭触头是联动的，当线圈通电时，常闭触头先断开，常开触头随后闭合，中间有一个很短的时间差；当线圈断电时，常开触头先恢复断开，随后常闭触头恢复闭合，中间也存在一个很短的时间差，这个时间差虽短，但对分析线路的控制原理却很重要。

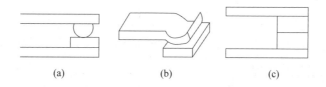

(a)　　　　　　　　(b)　　　　　　　　(c)

图 1 – 2 – 7　触头的三种接触形式
(a) 点接触；(b) 线接触；(c) 面接触

（3）灭弧装置。交流接触器在断开大电流或高压电路时，会在动、静触头之间产生很强的电弧。电弧是触头间气体在强电场作用下产生的放电现象，它一方面会灼伤触头，减少触头的使用寿命；另一方面会使电路切断时间延长，甚至造成弧光短路或引起火灾事故。因此触头间的电弧应尽快熄灭。

灭弧装置的作用是熄灭触头分断时产生的电弧，以减轻对触头的灼伤，保证可靠的分断电路。交流接触器常采用的灭弧装置有双断口结构的电动力灭弧装置、纵缝灭弧装置和栅片灭弧装置，如图 1 – 2 – 8 所示。容量较小的交流接触器（如 CJ10 – 10 型）一般采用双断口结构的电动力灭弧装置；额定电流在 20 A 及以上的 CJ10 系列交流接触器常采用纵缝灭弧装置；容量较大的交流接触器多采用栅片灭弧装置。

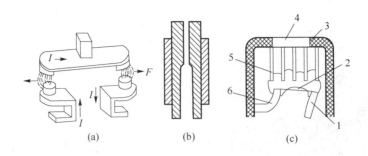

图 1 - 2 - 8　常用的灭弧装置

（a）双断口结构的电动力灭弧装置；（b）纵缝灭弧装置；（c）栅片灭弧装置

1—动触头；2—电弧；3—灭弧罩；4—灭弧栅片；5—短电弧；6—静触头

（4）辅助部件。交流接触器的辅助部件有反作用弹簧、缓冲弹簧、触头压力弹簧、传动机构及底座、接线柱等。反作用弹簧安装在衔铁和线圈之间，其作用是线圈断电后推动衔铁释放，带动触头复位；缓冲弹簧安装在静铁芯和线圈之间，其作用是缓冲衔铁在吸合时对静铁芯和外壳的冲击力，保护外壳；触头压力弹簧安装在动触头上面，其作用是增加动、静触头间的压力，从而增大接触面积，减小接触电阻，防止触头过热损伤；传动机构的作用是在衔铁或反作用弹簧的作用下带动动触头实现与静触头的接通或分断。

2）交流接触器的符号

交流接触器在电路图中的符号如图 1 - 2 - 9 所示。

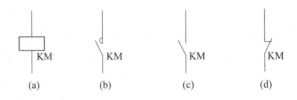

图 1 - 2 - 9　交流接触器在电路图中的符号

（a）线圈；（b）主触头；（c）辅助常开触头；（d）辅助常闭触头

3）交流接触器的工作原理（图 1 - 2 - 10）

当接触器的线圈通电后，线圈中的电流产生磁场，使静铁芯磁化产生足够大的电磁吸力，克服反作用弹簧的反作用力将衔铁吸合，衔铁通过传动机构带动辅助常闭触头先断开，三对常开主触头和辅助常开触头后闭合；当接触器线圈断电或电压显著下降时，由于铁芯的电磁吸力消失或过小，衔铁在反作用弹簧的作用下复位，并带动各触头恢复到原始状态。

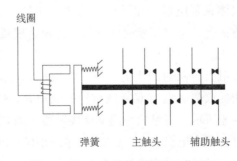

图 1 - 2 - 10　交流接触器的工作原理

4）交流接触器的型号及含义

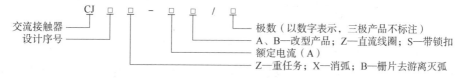

2. 直流接触器

直流接触器主要供远距离接通和分断额定电压为 440 V、额定电流在 1 600 A 以下的直流电力线路用，并适用于直流电动机的频繁启动、停止、换向及反接制动。目前常用的直流接触器有 CZ0、CZ17、CZ18、CZ21 等系列。直流接触器的结构和工作原理与交流接触器基本相同，主要区别如下。

1）电磁系统的区别

直流接触器的电磁系统由线圈、铁芯和衔铁组成。由于线圈中通过的是直流电，铁芯不会产生涡流和磁滞损耗而发热，因此铁芯可由整块铸钢或铸铁制成，铁芯端面也不需要嵌装短路环。但在磁路中常垫有非磁性垫片，以减轻剩磁影响，保证线圈断电后衔铁能可靠释放。另外，直流接触器线圈的匝数比交流接触器线圈的匝数多，电阻值大，铜损大，所以接触器发热以线圈本身发热为主。为了使线圈散热良好，常常将线圈做成长而且薄的圆筒形。

2）触头系统的区别

直流接触器触头也有主、辅之分。由于主触头接通和断开的电流较大，大多采用滚动接触的指形触头，以延长触头的使用寿命。辅助触头的通断电流小，大多采用双断点桥式触头，可有若干对。

3）灭弧装置的区别

直流接触器的主触头在分断较大直流电流时，会产生强烈的电弧，直流接触器一般采用磁吹式灭弧装置，并结合其他灭弧装置灭弧。磁吹式灭弧装置是利用磁场对电流的作用在电弧产生时，在其上方有一个强磁场作用于电弧，使电弧受力变形、拉长拉断，从而达到灭弧的目的。

3. 接触器的选用

1）选择接触器的类型

根据接触器所控制的负载性质选择接触器的类型。通常交流负载选用交流接触器，直流负载选用直流接触器。如果控制系统中主要是交流负载，而直流负载容量较小，也可以用交流接触器控制直流负载，但触头的额定电流适当选大一些。

2）选择接触器主触头的额定电压

接触器主触头的额定电压应大于或等于控制线路的额定电压。

3）选择接触器主触头的额定电流

接触器控制电阻性负载时，主触头的额定电流应等于负载的额定电流；控制电动机时，主触头的额定电流应等于或稍大于电动机的额定电流。接触器主触头的额定电流按下列经验公式计算（仅适用于 CJ10 系列）：

$$I_C = \frac{P_N \times 10^3}{KU_N}$$

式中，K——经验系数，一般取 1 ~ 1.4；

    P_N——被控制电动机的额定功率（kW）；

    U_N——被控制电动机的额定电压（V）；

    I_C——接触器主触头的额定电流（A）。

若接触器在频繁启动、制动及正反转的场合使用，应将接触器主触头的额定电流降低一个等级使用。

4）选择接触器吸引线圈的电压

当控制线路简单、使用电器个数较少时，吸引线圈的电压直接选用 380 V 或 220 V。当线路较复杂、使用电器超过 5 个时，从人身和设备安全角度考虑，吸引线圈的电压要选低一些，可用 36 V 或 110 V 的线圈电压。

5）选择接触器的触头数量及类型

接触器的触头数量、类型应满足控制线路的要求。

4. 接触器的安装与使用

1）安装前的检查

（1）检查接触器铭牌与线圈的技术数据（如额定电压、额定电流、操作频率等）是否符合实际使用要求。

（2）检查接触器外观，应无机械损伤；用手推动接触器可动部分时，接触器应动作灵活，无卡阻现象；灭弧罩应完整无损，固定牢固。

（3）将铁芯极面上的防锈油脂或粘在极面上的铁垢用煤油擦拭干净，以免多次使用后衔铁被粘住，造成断电后不能释放。

（4）测量接触器的线圈电阻和绝缘电阻。

2）接触器的安装

（1）交流接触器一般应安装在垂直面上，倾斜度不得超过 5°；若有散热孔，则应将有孔的一面放在垂直方向上，以利于散热，并按规定留有适当的飞弧空间，以免飞弧烧坏相邻电器。

（2）安装和接线时，注意不要将零件失落或掉入接触器内部。安装孔的螺钉应装有弹簧垫圈和平垫圈，并拧紧螺钉，以防振动松脱。

（3）安装完毕，检查接线正确无误后，在主触头不带电的情况下操作几次，然后测量产品的动作值和释放值，所测数值应符合产品的规定要求。

3）日常维护

（1）应对接触器做定期检查，观察螺钉有无松动、可动部分是否灵活等。

（2）接触器的触头应定期清扫，保持清洁，但不允许涂油，当触头表面因电灼作用形成金属小颗粒时，应及时清除。

（3）拆装时注意不要损坏灭弧罩。带灭弧罩的交流接触器绝不允许不带灭弧罩或带破损的灭弧罩运行，以免发生电弧短路故障。

5. 接触器的常见故障及处理方法

接触器的常见故障及处理方法如表 1 - 2 - 3 所示。

表 1-2-3　接触器的常见故障及处理方法

故障现象	可能原因	处理方法
触头过热	通过动、静触头间的电流过大	减小负载或更换大容量触头接触器
	触头压力不足	调整触头压力弹簧或更换新触头
	触头表面接触不良	清洗修整触头，使其接触良好
触头磨损	电弧或电火花的高温使触头金属汽化	当触头磨损至超过原有厚度的 1/2 时，更换新触头
	触头闭合时的撞击及触头表面的相对滑动摩擦	
衔铁不释放	触头熔焊粘在一起	修理或更换新触头
	铁芯端面有油污	清理铁芯端面
	铁芯剩磁太大	调整铁芯的防剩磁间隙或更换铁芯
	机械部分卡阻	修理调整，消除机械卡阻现象
衔铁振动或噪声大	衔铁或铁芯接触面上有锈垢等或衔铁歪斜	清理或调整铁芯端面
	短路环损坏	更换短路环
	可动部分卡阻或触头压力过大	调整可动部分及触头压力
	电源电压偏低	提高电源电压
线圈过热或烧毁	线圈匝间短路	更换线圈
	铁芯与衔铁闭合时有间隙	修理调整铁芯或更换
	电源电压过高或过低	调整电源电压
吸力不足	电源电压过低或波动太大	调整电源电压
	线圈额定电压大于实际电压	更换线圈，使电压值与电源电压匹配
	反作用弹簧压力过大	调整反作用弹簧
	可动部分卡阻，铁芯歪斜	调整可动部分及铁芯

（三）热继电器

热继电器是利用流过继电器的电流所产生的热效应而反时限动作的自动保护电器。所谓反时限动作，是指电器的延时动作时间随通过电路电流的增加而缩短。热继电器主要与接触器配合使用，用作电动机的过载保护、断相保护、电流不平衡运行的保护及其他电气设备发热状态的控制。

热继电器的形式有多种，其中双金属片式应用最多。热继电器按极数划分为单极、两极和三极三种，其中三极热继电器又包括带断相保护装置和不带断相保护装置两种；按复位方式划分为自动复位式和手动复位式两种。如图 1-2-11 所示为常见的双金属片式热继电器。每一系列的热继电器一般只能和相适应系列的接触器配套使用。

1. 热继电器的结构和符号

如图 1-2-12（a）所示为双金属片式热继电器的结构，它主要由热元件、传动机构、

图 1-2-11 常见的双金属片式热继电器

常闭触头、电流整定按钮、复位按钮和限位螺钉等组成。热继电器的热元件由双金属片和绕在外面的电阻丝组成，双金属片由两块热膨胀系数不同的金属片复合而成。热继电器在电路中的符号如图 1-2-12（c）所示。

2. 工作原理

使用热继电器时，需要将热元件串联在主电路中，将常闭触头串联在控制电路中，如图 1-2-12（b）所示。当电动机过载时，流过电阻丝的电流超过热继电器的整定电流，电阻丝发热量增多，温度升高，两块金属片的热膨胀系数不同而使双金属片向右弯曲，通过传动机构推动常闭触头分断，分断控制电路，再通过接触器切断主电路，从而实现电动机的过载保护。电源切除后，双金属片逐渐冷却恢复原位。热继电器的复位机构有手动复位和自动复位两种，可根据使用要求通过复位调节螺钉来自由调整选择。一般自动复位时间不大于 5 min，手动复位时间不大于 2 min。

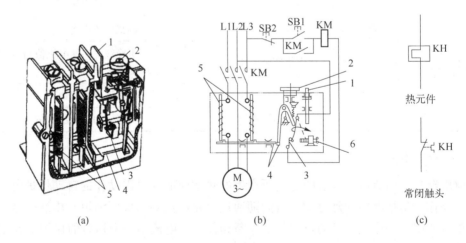

图 1-2-12 双金属片式热继电器

（a）结构；（b）原理图；（c）符号

1—复位按钮；2—电流整定按钮；3—常闭触头；4—传动机构；5—热元件；6—限位螺钉

热继电器的整定电流是指热继电器连续工作而不动作的最大电流，其大小可通过旋转电流整定旋钮来调节。流过热继电器的电流超过整定电流，热继电器将在负载未达到其允许的过载极限之前动作。

实践证明，三相异步电动机的缺相运行是导致电动机过热烧毁的主要原因之一。对于定子绕组接成 Y 形的电动机，普通两极或三极结构的热继电器均能实现断相保护。而对于定子绕组接成 △ 形的电动机，必须采用三极带断相保护装置的热继电器才能实现断相保护。

想一想：熔断器和热继电器都是保护电器，两者能否相互代用？为什么？

3. 热继电器的型号及含义

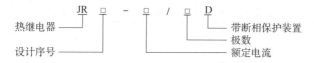

4. 热继电器的选用

选择热继电器时，主要根据所保护电动机的额定电流来确定热继电器的规格和热元件的电流等级。

（1）根据电动机的额定电流选择热继电器的规格。一般热继电器的额定电流应略大于电动机的额定电流。

（2）根据需要的整定电流值选择热元件的编号和电流等级。一般情况下，热元件的整定电流应为电动机额定电流的 0.95～1.05 倍。

（3）根据电动机定子绕组的连接方法选择热继电器的结构形式，即定子绕组作 Y 形连接的电动机选用普通三相结构的热继电器，而作 △ 形连接的电动机应选用三相结构带断相保护装置的热继电器。

5. 热继电器的安装与使用

（1）热继电器必须按照产品说明书中规定的方法安装。安装处的环境温度应与电动机所处环境温度基本相同。当热继电器与其他电器安装在一起时，应注意将热继电器安装在其他电器的下方，以免其动作特性受到其他电器的影响。

（2）安装时，应清除触头表面的尘污，以免因接触电阻过大或电路不通而影响热继电器的动作性能。

（3）热继电器出线端的连接导线应按表 1 - 2 - 4 所示的规定选用，这是因为导线的粗细和材料将影响到热元件端接点传导到外部热量的多少。导线过细，轴向导热慢，热继电器可能提前动作；反之，导线过粗，轴向导热快，热继电器可能滞后动作。

表 1 - 2 - 4　热继电器连接导线选用

热继电器额定电流/A	连接导线截面积/mm²	连接导线种类
10	2.5	单股铜芯塑料线
20	4	单股铜芯塑料线
60	16	多股铜芯橡皮线

（4）使用中的热继电器应定期通电校验。此外，当发生短路事故后，应检查热元件是否已发生永久变形。若已变形，则需通电校验；若因热元件变形或其他原因致使动作不准确，只能调整其可调部件，而绝不能弯折热元件。

（5）热继电器在出厂时均调整为手动复位方式，如果需要自动复位，只要将复位螺钉

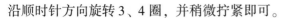

沿顺时针方向旋转3、4圈，并稍微拧紧即可。

（6）热继电器在使用中应定期用布擦净尘埃和污垢，若发现双金属片上有锈斑，应用清洁棉布蘸汽油轻轻擦除，切忌用砂纸打磨。

6. 热继电器的常见故障及处理方法

热继电器的常见故障及处理方法如表1-2-5所示。

表1-2-5 热继电器的常见故障及处理方法

故障现象	故障原因	维修方法
热元件烧断	负载侧短路，电流过大	故障排除，更换热继电器
	操作频率过高	更换合适参数的热继电器
热继电器不动作	热继电器的额定电流值选用不合适	根据被保护设备的容量合理选用热继电器
	整定电流值偏大	合理调整整定电流值
	动作触头接触不良	消除触头接触不良因素
	动作机构卡阻	消除卡阻因素
	导板脱出	重新放入导板并调试
热继电器动作不稳定，时快时慢	热继电器内部结构某些部件松动	紧固松动部件
	在检测中弯折了双金属片	用两倍电流预试几次或将金属片拆下来进行热处理（一般热处理温度约为240 ℃），以去除内应力
	通过电流波动太大或接线螺钉松动	检查电源电压或拧紧接线螺钉
热继电器动作太快	整定电流值偏小	合理调整整定电流值
	电动机启动时间过长	按启动时间要求，选择具有合适的可返回时间的热继电器或在启动过程中将热继电器短接
	连接导线太短	选用标准导线
	操作频率过高	更换合适型号的热继电器
	使用场合有强烈冲击和振动	采用防振动措施或选用带防冲击振动的热继电器
	可逆转换频繁	改用其他保护方式
	安装热继电器处与电动机处环境温差太大	按两地温差情况配置适当的热继电器
主电路不通	热元件烧断	更换热元件或热继电器
	接线螺钉松动或脱落	紧固接线螺钉
控制电路不通	触头烧坏或触头压力弹簧片弹性消失	更换触头或触头压力弹簧片
	可调整式旋钮转到不合适的位置	调整旋钮或螺钉
	热继电器动作后未复位	按动复位按钮

二、三相异步电动机点动正转控制线路

如图 1 - 2 - 13 所示为点动正转控制线路，它是用按钮、接触器来控制电动机运转的最简单的正转控制线路之一。

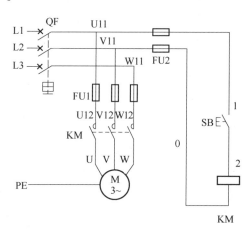

图 1 - 2 - 13 点动正转控制线路

（一）主电路

电源开关 QF、熔断器 FU1、接触器 KM 主触头和三相异步电动机 M 组成主电路。

（二）控制电路

熔断器 FU2、启动按钮 SB 和接触器 KM 的线圈组成控制电路。

（三）点动正转控制线路的工作原理

先合上电源开关 QF。

启动：按下 SB→KM 线圈得电→KM 主触头闭合→电动机 M 启动运转。

停止：松开 SB→KM 线圈失电→KM 主触头断开→电动机 M 断电停转。

停止使用时，断开电源开关 QF。

按下按钮电动机得电运转、松开按钮电动机失电停转的控制方法，称为点动控制。点动正转控制线路的优点是所用元器件少、线路简单；其缺点是操作劳动强度大、安全性差，且不便于实现远距离控制和自动控制。

三、接触器自锁正转控制线路

（一）主电路和控制电路

接触器自锁正转控制电路如图 1 - 2 - 14 所示，该电路和点动控制的主电路大致相同，但在控制电路中又串联了一个停止按钮 SB2，在启动按钮 SB1 的两端并联了接触器 KM 的一对常开辅助触头。如图 1 - 2 - 15 所示是具有过载保护的自锁正转控制电路，该电路中加入了一只热继电器。该电路不仅具有短路保护、欠压保护和失压保护，而且具有过载保护，在生产实际中获得了广泛应用。

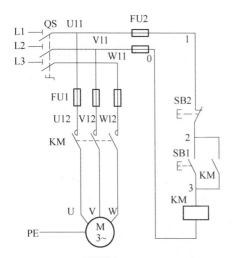

Y112M-4 4 kW△形接法, 380 V, 8.8 A, 1 440 r/min

图 1-2-14 接触器自锁正转控制电路

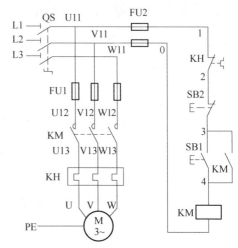

Y112M-4 4 kW△形接法, 380 V, 8.8 A, 1 440 r/min

图 1-2-15 具有过载保护的自锁正转控制电路

（二）工作原理

先合上电源开关 QS。

启动：按下 SB1 →KM 线圈得电 ┬→KM 主触头闭合 ─────────┐→M 启动并连续运转
　　　　　　　　　　　　　　　　└→KM 辅助常开触头闭合自锁 ┘

停止：按下 SB2 →KM 线圈失电 ┬→KM 主触头分断 ───────→M 失电停转
　　　　　　　　　　　　　　　　└→KM 自锁触头分断

　　从以上分析可知，当松开启动按钮 SB1 后，SB1 的常开触头虽然恢复分断，但接触器 KM 的辅助常开触头闭合时已将 SB1 短接，使控制电路仍保持接通，接触器 KM 继续得电，电动机 M 实现了连续运转。

　　当启动按钮松开后，接触器通过自身的辅助常开触头使其线圈保持得电的作用称为自锁。与启动按钮并联起自锁作用的辅助常开触头称为自锁触头。如图 1-2-14 所示的控制电路称为接触器自锁控制电路。

（三）电路的保护环节

　　（1）欠压保护。欠压是指线路电压低于电动机应加的额定电压。欠压保护是指当线路电压下降到某一数值时，电动机能自动脱离电源停转，避免电动机在欠压下运行的一种保护。

　　接触器自锁控制线路具有欠压保护作用。当线路电压下降到一定值（一般指低于额定电压的85%）时，接触器线圈两端的电压也同样下降到此值，使接触器线圈磁通减弱，产生的电磁吸力减小。当电磁吸力减小到小于反作用弹簧的拉力时，动铁芯被迫释放，主触头和自锁触头同时分断，自动切断主电路和控制电路，电动机失电停转，起到了欠压保护的作用。

　　（2）失压（或零压）保护。失压保护是指电动机在正常运行中由于外界某种原因引起突然断电时，能自动切断电动机电源；当重新供电时，保证电动机不能自行启动的一种保护。接触器自锁控制线路也可实现失压保护作用。接触器自锁触头和主触头在电源断电时已经分断，使控制电路和主电路都不能接通，所以在电源恢复供电时，电动机不会自行启动运转，从而保证了人身和设备的安全。

（3）短路保护。电动机的短路保护采用熔断器，熔断器 FU1、FU2 分别实现主电路和控制电路的短路保护。

（4）过载保护。过载保护是指当电动机出现过载时，能自动切断电动机的电源，使电动机停转的一种保护。电动机在运行过程中出现过载后，串联在主电路上的热继电器热元件 KH 感受到过载电流，触发串联在控制线路中的热继电器常闭触头断开，接触器线圈失电，接触器主触头复位，电动机停转，从而实现过载保护。

任务实施

一、检查元器件

（1）检查元器件、耗材与表 1-2-6 中的型号是否一致。

（2）检查各元器件质量是否合格，配件是否齐全。

表 1-2-6 接触器自锁正转控制线路所需的元器件和耗材明细

序号	名称	型号与规格	单位	数量
1	三相异步电动机	Y112M-4，4 kW、380 V、8.8 A、△形接法、1 440 r/min	台	1
2	组合开关	HZ10-25/3，三极、380 V、25 A	个	1
3	熔断器	RL1-60/25，60 A、配熔体 20 A	只	3
4	熔断器	D25-20/330，15 A、配熔体 20 A	只	1
5	接触器	CJ10-20，20 A、线圈电压 380 V	只	1
6	热继电器	JR16-20/3，三极、20 A、整定电流 8.8 A	只	1
7	按钮	LA10-3H，保护式	个	2
8	螺丝、螺母、平垫圈	M4×25 mm 或 M4×15 mm	套	35
9	塑料软铜线	BVR-1 mm²，颜色：黑色或自定	米	25
10	塑料软铜线	BVR-0.75 mm²，颜色：红色或自定	米	15
11	塑料软铜线	BVR-1.5 mm²，颜色：黄绿双色	米	1
12	别径压端子	UT2.5-4，UT1-4	个	20
13	行线槽	TC3025，长 34 cm，两边打 φ3.5 mm 孔	条	5
14	异形编码套管	φ3.5 mm	米	0.3

二、绘制元器件布置图与接线图（图1－2－16和图1－2－17）

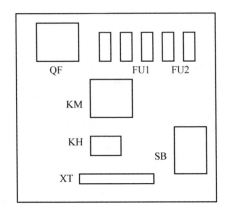

图1－2－16　具有过载保护的自锁正转控制线路的元器件布置

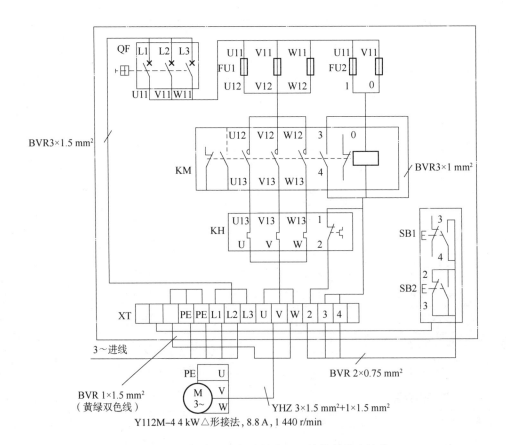

图1－2－17　具有过载保护的自锁正转控制线路接线

三、布线

（一）安装元器件

按图 1 – 2 – 18 所示在控制板上安装元器件，并贴上醒目的文字符号。

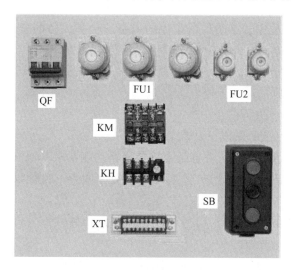

图 1 – 2 – 18　元器件布置

（二）布线

按照图 1 – 2 – 17 的接线方法走线，进行板前明线走线和套号码管。注意按钮内接线的走线。

四、自检

（一）按电路图或接线图逐段检查

检查方法参考本项目任务一中的检查方法。

（二）用万用表检查线路的通断情况

1. 主电路的检查

（1）在断电状态下，选择万用表合理的欧姆挡进行电阻测量法检查。

（2）为消除负载、控制电路对测量结果的影响，断开负载，并取下熔断器 FU2 的熔体。

（3）检查各相间是否断开，将万用表的两支表笔分别接 U11、U21，U21、U31 和 U11、U31 端子进行检查，应测得断路。

（4）检查 FU1 及接线。

（5）检查接触器 KM 主触头及接线，如果接触器带有灭弧罩，则需要拆卸灭弧罩。

（6）检查热继电器 KH 的热元件及接线。

2. 控制电路的检查

合理选择万用表的欧姆挡进行电阻测量法检查，将万用表表笔接在"0""1"接点上。

（1）电路检查。按下按钮 SB2，万用表应显示 KM 线圈电阻值；再按下按钮 SB1，万用表应显示无穷大，说明线路由通到断，停车控制线路正常。

（2）自锁电路检查。按下 KM 主触点，万用表应显示 KM 线圈电阻值，说明 KM1 自锁电路正常；再按下 SB1，万用表应显示无穷大。

五、连接电源、通电试车

（1）在通电试车过程中，必须保证学生的人身安全和设备的安全，在教师指导下规范操作，学生不得私自通电。

（2）在确认元器件、接线、负载和电源无误后，清理实训工作台上的杂物，告知周围的学生准备试车，在教师的监督下通电。

（3）熟悉操作过程、进行试车。

①空操作试验。合上 QF 做以下试验。

按下 SB1，接触器得电吸合，观察是否符合线路功能要求、电气元件的动作是否灵活、有无卡阻及噪声过大等现象。松开 SB1，接触器应处于吸合的自锁状态；按下 SB2，接触器应失电复位。

用绝缘棒按下 KM 触点架，当其自锁触点闭合时，KM 线圈立即得电，触头保持闭合。按下 SB2，接触器应失电复位。

②带负荷试车。断开 QF，接好电动机接线，再合上 QF，先操作 SB1 启动电动机，待电动机达到额定转速后再操作 SB2，电动机应失电停转。

（4）当出现故障、需带电检查时，必须在教师现场监护的情况下进行。检修完毕后，如果需要再次试车，也应该在教师现场监护下进行，并做好时间记录。

（5）通电试车结束后，应先切断电源，再拆除电动机线。

任务总结

三相异步电动机接触器自锁正转控制线路适合远距离和自动控制，应用比较广泛。本任务以三相异步电动机接触器自锁正转控制线路的安装与调试为载体，学习按钮、接触器和热继电器等低压电器的结构、选用标准和检修方法，理解并掌握点动、接触器自锁和带过载保护的接触器自锁三种正转控制线路的工作原理，能识读、绘制三种控制线路的布置图和接线图，能按照工艺要求调试、检修具有过载保护的电动机自锁正转控制线路。

任务三　连续与点动混合正转控制线路的安装与调试

任务提出

机床设备在正常工作时，一般需要电动机处在连续运转状态，即需要保持连续运行的自动控制。但在试车或调整刀具与工件的相对位置时，又需要电动机能点动控制。能实现这种工艺要求的线路是连续与点动混合正转控制线路。图 1-3-1 和图 1-3-2 分别通过串联手动开关 SA 和并联复合按钮 SB3 来实现连续与点动混合正转控制。

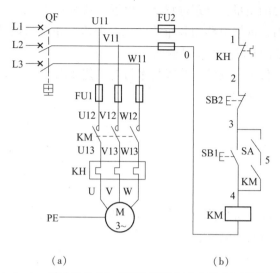

（a）　　　　　　　　　　　（b）

图 1 - 3 - 1　手动开关 SA 控制的连续与点动混合正转控制电路

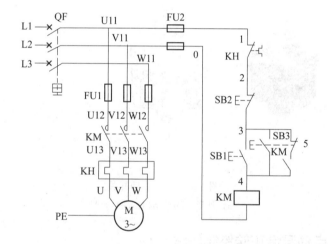

图 1 - 3 - 2　复合按钮 SB3 控制的连续与点动混合正转控制电路

任务目标

（1）能正确理解连续与点动混合正转控制线路的工作原理。

（2）能正确识读连续与点动混合正转控制线路的接线图和布置图。

（3）能按照工艺要求正确安装连续与点动混合正转控制线路。

（4）能够调试、检修连续与点动混合正转控制线路。

任务分析

连续与点动混合正转控制线路可以通过手动开关或者复合按钮实现连续与点动控制切换。具体学习任务如下。

（1）理解连续与点动混合正转控制线路的工作原理。

（2）检测手动开关的质量，合理选择低压电器，核对元器件的数量。

（3）在规定时间内，依据电路图和布线的工艺要求，正确、熟练安装，准确、安全地连接电源，在教师的保护下进行通车试验。

（4）正确使用仪器仪表，安装、布线技术符合工艺要求。

（5）做到安全操作、文明生产。

知识准备

一、手动开关

如图 1 - 3 - 3 所示是手动开关的外形、结构和符号。手动开关是通过手动拨动拨杆来控制开关触点通断的一种低压电器。

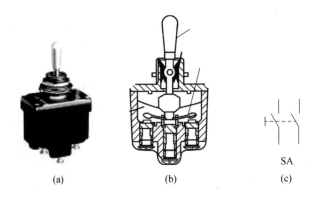

图 1 - 3 - 3 手动开关

（a）外形；（b）结构；（c）符号

二、连续与点动混合正转控制线路

连续与点动混合控制线路常见的两种电路如图 1 - 3 - 1 和图 1 - 3 - 2 所示，如图 1 - 3 - 1 所示是手动开关 SA 控制的连续与点动混合正转控电路，图 1 - 3 - 2 所示是复合按钮 SB3 控制的连续与点动混合正转控制电路。下面以复合按钮控制的连续与点动混合正转控制为例进行原理介绍。如图 1 - 3 - 2 所示的启动按钮 SB1 的两端并联一个复合按钮 SB3 来实现连续与点动混合正转控制。该线路的工作原理如下。

合上电源开关 QF。

（一）连续控制

启动：按下 SB1 ——→ KM 线圈得电 —┬→ KM 主触头闭合 ——┬→ 电动机 M 启动并连续运转
　　　　　　　　　　　　　　　　　└→ KM 辅助常开触头闭合自锁

停止：按下 SB2 ——→ KM 线圈失电 —┬→ KM 主触头分断 ——┬→ 电动机 M 失电停转
　　　　　　　　　　　　　　　　　└→ KM 自锁触头分断

（二）点动控制

1. 启动

2. 停止

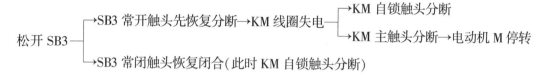

任务实施

一、检查元器件

（1）检查元器件、耗材与表 1 - 3 - 1 中的型号是否一致。

（2）检查各元器件是否合格，附件、备件是否齐全。

表 1 - 3 - 1　连续与点动混合控制线路的元器件及耗材明细

序号	名称	型号与规格	单位	数量
1	三相异步电动机	Y112M - 4，4 kW、380 V、8.8 A、△形接法、1 440 r/min	台	1
2	组合开关	HZ10 - 25/3，三极、380 V、25 A	个	1
3	熔断器	RL1 - 60/25，60 A、配熔体 20 A	只	3
4	熔断器	D25 - 20/330，15 A、配熔体 20 A	只	2
5	接触器	CJ10 - 20，20 A、线圈电压 380 V	只	1
6	热继电器	JR16 - 20/3，三极、20 A、整定电流 8.8 A	只	1
7	按钮	LA10 - 3H，保护式	个	3
8	螺丝、螺母、平垫圈	M4 ×25 mm 或 M4 ×15 mm	套	若干
9	塑料软铜线	BVR - 1 mm²，颜色：黑色或自定	米	若干
10	塑料软铜线	BVR - 0.75 mm²，颜色：红色或自定	米	若干
11	塑料软铜线	BVR - 1.5 mm²，颜色：黄绿双色	米	若干
12	别径压端子	UT2.5 - 4，UT1 - 4	个	若干
13	行线槽	TC3025，长 34 cm，两边打 φ3.5 mm 孔	条	若干
14	异形编码套管	φ3.5 mm	米	若干

二、绘制元器件布置图与接线图（图1-3-4和图1-3-5）

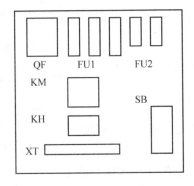

图1-3-4　连续与点动混合正转控制线路的元器件布置

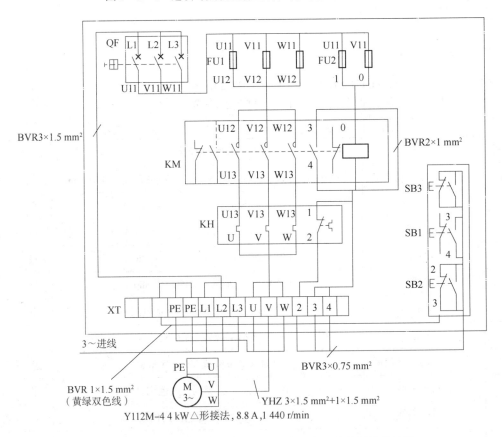

图1-3-5　复合按钮控制的连续与点动混合正转控制线路接线

三、布线

（一）安装元器件

按图1-3-2所示在控制板上安装元器件，工艺要求与任务一和任务二中的工艺要求基本相同。

（二）布线

按照图 1 - 3 - 5 进行布线，布线方法、工艺要求与任务二中的布线方法、工艺要求基本相同，按钮内的接线如图 1 - 3 - 6 所示。

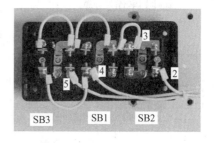

图 1 - 3 - 6　按钮内的接线

四、自检

（一）按电路图或接线图逐段检查

检查方法参考本项目任务一中的检查方法。

（二）用万用表检查线路的通断情况

1. 主电路的检查

主电路的检查方法与步骤详见任务一中主电路的检查。

2. 控制电路的检查

将控制电路与主电路断开，用万用表进行检查。将表笔分别搭在 U11、V11 线端上，读数应为 "∞"。按下 SB1 时，读数应为接触器线圈的直流电阻值。松开 SB1，按下 SB3，读数应为接触器线圈的直流电阻值。松开 SB3，手动按动接触器，使接触器吸合，读数应为接触器线圈的直流电阻值。然后断开控制电路，检查主电路是否有误开路或者短路现象，此时可以用手动代替接触器通电进行检查。

五、连接电源、通电试车

（1）在通电试车过程中，必须保证学生的人身安全和设备的安全，在教师指导下规范操作，学生不得私自通电。

（2）在确认元器件、接线、负载和电源无误后，清理实训工作台上的杂物，告知周围的学生准备试车，在教师的监督下通电。

（3）熟悉操作过程，进行试车。

①点动线路。检查方法与前面的点动控制线路的检查方法一致。

②自锁线路。先按下复合按钮 SB3，才可进行自锁控线路检查，检查方法与前面的自锁控制线路的检查方法一致。

（4）当出现故障、需带电检查时，必须在教师现场监护的情况下进行。检修完毕后，如果需要再次试车，也应该在教师现场监护下进行，并做好时间记录。

（5）通电试车结束后，应先切断电源，再拆除电动机线。

任务总结

本任务以三相异步电动机连续与点动混合正转控制线路的安装与调试为载体，学习按钮、接触器和热继电器等低压电器的结构、选用标准和检修方法，理解并掌握连续与点动混合正转控制线路的工作原理，能识读、绘制连续与点动混合正转控制线路的布置图和接线图，能按照工艺要求调试、检修连续与点动混合正转控制线路。

项目评价

连续与点动混合正转控制线路的考核评价表

评分内容	配分/分	重点检查内容	分项配分/分	详细配分	扣分	得分
元器件安装	15	按电气原理图选接元器件	7	选错扣1分/个		
		元器件检测	8	检测误判扣1分/个		
电路连接	35	使用导线（颜色、线径）	2	每种导线0.5分		
		导线连接是否牢靠、正确	20	松动、接错、漏接扣0.5分/处		
		端子规范（端子压实、无毛刺，铜丝不能裸露太长，无剪断铜丝）	3	每个端子0.1分		
		号码管（线号、方向）	3	每个号码管0.15分		
		走线排列	4	走线应整齐美观，走线错位、交叉不整齐扣0.2分/处		
		保护接地	3	电源及电动机各处接地，少接一处扣1分		
电路调试	35	功能叙述	5	能主动叙述控制要求		
		仪表使用	5	熟练使用万用表进行上电前检测		
		电源功能正确	5	电源上电正常		
		控制电路功能正确	10	接触器控制正确，错一处扣5分		
		主电路功能正确	10	电动机控制正确，错一处扣5分		
职业素养和安全意识	15	上电短路或故意损坏设备	15	扣10分		
		违反操作规程		每次扣2分		
		劳动保护用品未穿戴		扣3分		

注：若发生重大安全事故，本次总成绩记为零分。

巩固练习

1. 什么是低压电器？举出几种常见的低压电器。
2. 熔断器主要由哪几部分组成？各部分的作用是什么？
3. 熔断器为什么一般不宜作过载保护，而主要作短路保护？
4. 低压断路器有哪些优点？
5. 接触器按触头通过的电流种类分为哪几类？接触器主要由哪几部分组成？
6. 选用接触器主要考虑哪几方面？
7. 什么是热继电器？双金属片式热继电器主要由哪几部分组成？
8. 什么是电路图、布置图和接线图？

9. 什么是点动控制？分析判断题图 1-1 所示各控制电路能否实现点动控制？若不能，分析说明原因，并加以改正。

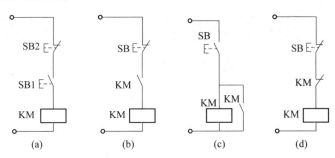

题图 1-1

10. 什么是自锁控制？分析判断题图 1-2 所示各控制电路能否实现自锁控制？若不能，分析说明原因，并加以改正。

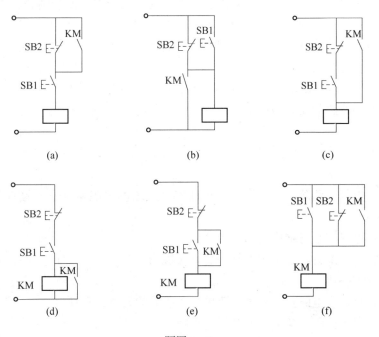

题图 1-2

11. 某机床主轴电动机型号为 Y132S-4，额定功率为 5.5 kW，额定电压为 380 V，额定电流为 11.6 A。定子绕组采用 △ 形接法，启动电流为额定电流的 6.5 倍，若采用组合开关作为电源开关，用按钮、接触器控制电动机的运行，并需要有短路和过载保护。试选择所用的组合开关、按钮、接触器、熔断器和热继电器的型号和规格。

项目二　三相异步电动机正反转控制线路的安装与调试

 项目需求

在实际生产中，机床的工作台需要能前进与后退、万能铣床的主轴需要能正转与反转、起重机的吊钩需要能上升与下降等，反映到电动机上就是电动机旋转方式的改变。前面所学的正转控制电路只能使电动机带动机械的运动部件向一个方向前进，这显然不能满足实际生产的需要，而且电动机正反转控制在实际生产中是一个非常重要的环节。本项目的任务是学习三相异步电动机的倒顺开关控制、接触器双重联锁、按钮与接触器双重联锁三种常见的正反转控制线路的安装与调试。

 项目工作场景

工作环境：电气、消防、卫生等符合实训安全要求的电工实训室，且具有投影仪等多媒体教学设备。

配套设备：电气安装与维修实训平台。

仪器仪表：每人配备电工常用工具一套（尖嘴钳一把，一字、十字螺丝刀各一把）、万用表一块、兆欧表一块。

元器件及耗材：按电路安装元器件清单配备所需的元器件和耗材。

着装要求：穿工作服、穿绝缘胶鞋、戴胸牌。

 方案设计

本项目以三相异步电动机正反转控制线路的安装与调试为载体，配备电气安装与维修实训平台展开教学。结合本项目的知识点和技能点，将项目由浅入深分解为倒顺开关控制正反转控制线路的安装与调试、接触器双重联锁正反转控制线路的安装与调试、按钮与接触器双重联锁正反转控制线路的安装与调试三个典型任务。各个任务都包含正反转控制线路的工作原理等相关理论知识的介绍，通过引入电气线路安装与调试的三个具体实例，使读者快速掌握电动机正反转控制线路的工作原理、安装、调试以及安装工艺规范。

 **相关知识和技能**

知识点：

（1）倒顺开关的结构、符号、功能、选用方法、安装方法以及故障处理方法等。

（2）倒顺开关控制正反转控制线路的组成、工作原理。

（3）接触器双重联锁正反转控制线路的组成、工作原理。

（4）按钮与接触器双重联锁正反转控制线路的组成、工作原理。

技能点：

（1）倒顺开关的选用、检修以及安装。

（2）倒顺开关控制正反转控制线路的安装与调试。

（3）接触器双重联锁正反转控制线路的安装与调试。

（4）按钮与接触器双重联锁正反转控制线路的安装与调试。

任务一 倒顺开关控制正反转控制线路的安装与调试

任务目标

（1）理解三相异步电动机实现正反转的原理。

（2）理解倒顺开关控制正反转控制线路的工作原理。

（3）正确安装倒顺开关控制正反转控制线路，安装、布线技术符合安装工艺规范。

（4）能够调试、检修倒顺开关控制正反转控制线路。

任务分析

倒顺开关控制正反转控制线路是通过倒顺开关来控制电动机正向启动运行、停止和反向启动运行、停止的。在实际生产中，倒顺开关主要应用在设备需正反两个方向旋转的场合，常被用来控制吊车、电梯、升降机等设备。倒顺开关控制正反转控制线路的安装与调试任务的具体要求为电路的分析、安装、调试，具体内容如下。

（1）掌握倒顺开关必备知识。

（2）理解、掌握倒顺开关控制正反转控制线路的工作原理。

（3）检测元器件的质量、核对元器件的数量。

（4）在规定时间内，正确、熟练安装，准确、安全地连接电源，进行通车试验。

（5）正确使用仪器仪表，安装、布线技术符合工艺要求。

（6）做到安全操作、文明生产。

知识准备

一、电动机正反转原理

根据三相异步电动机的工作原理可知，三相异步电动机的转向取决于通入定子绕组中三相交流电源的相序，因此只要改变电动机三相电源进线中的任意两根相线就能改变电动机的转向，如图 2 - 1 - 1 所示。

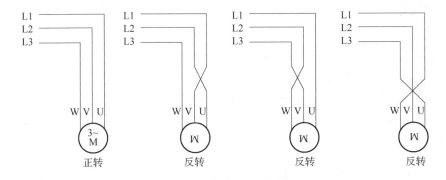

图 2 - 1 - 1　电源相序控制电动机的正反转

二、倒顺开关

倒顺开关是一种组合开关，也称可逆转换开关。如图 2 - 1 - 2 所示是常用的 HY 系列三相倒顺开关，它的作用是连通、断开电源或负载，可以使电动机正转或反转。倒顺开关主要是使单相、三相电动机做正反转的电气元件，但不能作为自动化元件。

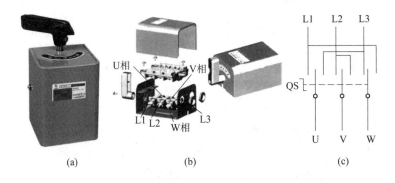

图 2 - 1 - 2　常用的 HY 系列三相倒顺开关
(a) 外形；(b) 结构；(c) 符号

（一）倒顺开关的结构与符号

三相倒顺开关的结构与符号如图 2 - 1 - 2 (b)、(c) 所示。开关的手柄有"倒""停""顺"三个位置，手柄只能从"停"位置左转 45°或右转 45°。三相倒顺开关通过改变输出端两根相线的位置来达到变换相序，从而控制电动机正反转的目的。

（二）倒顺开关的型号

HY 系列倒顺开关的型号及含义如下。

（三）倒顺开关的使用

在使用倒顺开关控制电动机正反转运行时，需要特别注意以下几方面事项，不然会造成不必要的故障甚至危险。

（1）由于倒顺开关无消弧罩，故只允许其控制 4.5 kW 以下的电动机，功率在此以上的电动机需要采用交流接触器方式操控。

（2）在使用过程中，电动机处于正转/反转状态时，若要更换电动机的运行方向，必须先将倒顺开关手柄扳至"停"位置，待电动机停止后方可换向运行。

（3）在倒顺开关前一级必须加装具有短路保护功能的装置，如瓷座螺旋保险、小型空气断路器等。

（4）倒顺开关内的 L 进线端子和 D 出线端子严禁对调使用。

（5）由于倒顺开关的外壳多为金属材质，故存在漏电危险，需要接地线，以确保安全。

（四）倒顺开关的使用条件

（1）海拔高度：不超过 2 000 m。

（2）周围空气温度：−5 ℃~40 ℃，24 h 内平均温度不超过 35 ℃。

（3）大气条件：在 40 ℃时，大气相对湿度不超过 50%；在较低温度下，大气相对湿度可以较高，相对湿度最高月的月平均最低温度不超过 25 ℃，该月的月平均最大相对湿度不超过 90%，并考虑因温度变化而发生在产品上的凝露。

（4）与垂直面的倾斜度不超过 ±5°。

（5）存在于无爆炸危险的介质中，且介质中无足以腐蚀金属和破坏绝缘的气体及导电尘埃。

（6）在有防雨雪设备及没有充满水蒸气的地方。

（7）在无显著摇动、冲击和振动的地方。

（8）由于倒顺开关无失压保护、无零位保护，根据《施工现场临时用电安全技术规范》（JGJ46—2005）中的第 9.1.5 条："正反转控制装置中的控制电器应采用接触器、继电器等自动控制电器，不得采用手动双向转换开关作为控制电器，倒顺开关不能用于建筑工程施工机械的控制。"

三、倒顺开关控制正反转控制线路

倒顺开关控制正反转控制线路原理如图 2-1-3 所示。

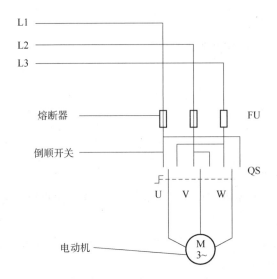

图 2 - 1 - 3   倒顺开关控制正反转控制线路原理

工作原理

（1）当倒顺开关的手柄处于"停"位置时，QS 的动、静触头不接触，电路不通，电动机停转，其原理如图 2 - 1 - 4 所示。

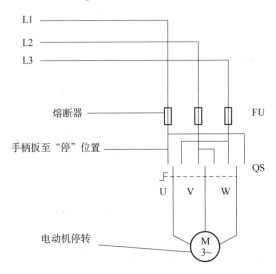

图 2 - 1 - 4   电动机停转原理

（2）当倒顺开关的手柄处于"顺"位置时，QS 的动触头和左边的静触头相接触，电路按照 L1—U、L2—V、L3—W 接通，电动机正转，其原理如图 2 - 1 - 5 所示。

（3）当倒顺开关的手柄处于"倒"位置时，QS 的动触头和右边的静触头相接触，电路按照 L1—W、L2—V、L3—U 接通，电动机反转，其原理如图 2 - 1 - 6 所示。

    知识点：倒顺开关控制电路的特点：所用电器少，线路简单；不能频繁换向；操作安全性差。倒顺开关适用于控制额定电流为 10 A、功率在 3 kW 以下的小容量电动机。

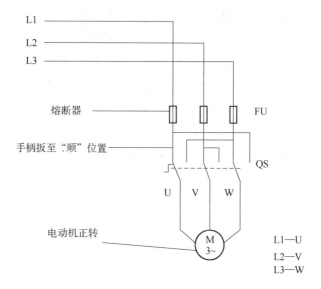

图 2 - 1 - 5　电动机正转原理

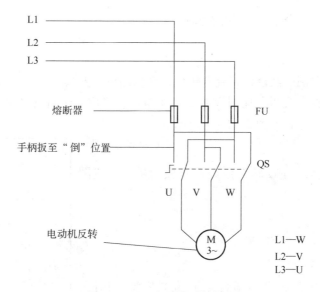

图 2 - 1 - 6　电动机反转原理

任务实施

一、检查元器件

（1）检查元器件、耗材与表 2 - 1 - 1 中的型号是否一致。

（2）检查各元器件是否完整无损，配件是否齐全。

表 2 - 1 - 1　倒顺开关控制正反转控制线路的耗材明细

序号	名称	型号与规格	单位	数量
1	三相笼型异步电动机	Y10012 - 4，4 kW、380 V、8.8 A、△形接法、1 420 r/min	台	1
2	倒顺开关	HY2 - 15，三相、15 A	个	1
3	瓷插式熔断器	RC1A - 30/20，380 V、30 A、熔体 20 A	只	3
4	接线端子排	JX2 - 1015，500 V、10 A、15 节	条	1
5	螺丝、螺母、平垫圈	M4×25 mm 或 M4×15 mm	套	若干
6	塑料软铜线	BVR - 1 mm²，颜色：黑色或自定	米	若干
7	塑料软铜线	BVR - 0.75 mm²，颜色：红色或自定	米	若干
8	塑料软铜线	BVR - 1.5 mm²，颜色：黄绿双色	米	若干
9	别径压端子	UT2.5 - 4，UT1 - 4	个	若干
10	行线槽	TC3025，长 34 cm，两边打 φ3.5 mm 孔	条	若干
11	异形编码套管	φ3.5 mm	米	若干

二、绘制元器件布置图和接线图

（一）布置图

绘制元器件布置图，经教师检查合格后，在控制板上安装元器件。元器件安装应牢固，并符合工艺要求，按布置图在控制板上安装元器件，并贴上醒目的文字符号。倒顺开关控制正反转控制线路的布置如图 2 - 1 - 7 所示。

（二）接线图

由于倒顺开关控制正反转控制线路比较简单，接线图省略。

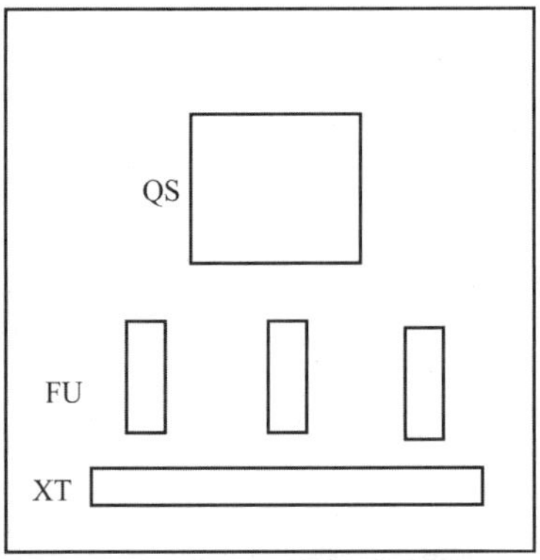

三、布线

（一）工艺要求

本任务的布线工艺要求与项目一中的工艺要求相同，这里不再阐述。

（二）布线操作

结合倒顺开关的结构及特性，在布线过程中严禁将倒顺开关的进线端和出线端对调使用，同时要将倒顺开关接地保护。

四、自检

（一）按电路图或接线图逐段检查

检查方法参考项目一任务一中的检查方法。

图 2 - 1 - 7　倒顺开关控制正反转控制线路的布置

（二）用万用表检查线路的通断情况

检查时，应断开电源，万用表选用倍率适当的电阻挡，并进行校零，以防错漏短路故障。

（1）将倒顺开关置于中间"停"位置，将万用表的两个表笔分别放在 L1、U，L2、V，L3、W 上，万用表读数为"∞"，表示此时电路属于断路状态。

（2）将倒顺开关置于"顺"位置，将万用表的两个表笔分别放在 L1、U，L2、V，L3、W 上，万用表读数为"0"，表示此时电路属于通路状态。

（3）将倒顺开关置于"倒"位置，将万用表的两个表笔分别放在 L1、U，L2、V，L3、W 上，测得表笔放在 L1、U，L3、W 上时万用表读数为"∞"，测得表笔放在 L2、V 上时万用表读数为"0"；按照 L1、W，L3、U 顺序重新测量，万用表读数为"0"，表示此时电路属于通路状态，并且相序已发生改变。

五、连接电源、通电试车

（1）在通电试车过程中，必须保证学生的人身安全和设备的安全，在教师指导下规范操作，学生不得私自通电。

（2）在确认元器件、接线、负载和电源无误后，清理实训工作台上的杂物，告知周围的学生准备试车，在教师的监督下通电。

（3）熟悉操作过程、进行试车。

通电试车前，确认倒顺开关的手柄是否处于中间"停"位置上，通电时必须征得指导教师同意，并由指导教师接通三相电源 L1、L2、L3，同时在现场监护。学生将倒顺开关的手柄扳到"顺"位置，观察电动机的运行状态及方向；然后，将倒顺开关的手柄扳到"停"位置，观察电动机是否停转；待电动机停转稳定后，将倒顺开关的手柄扳到"倒"位置上，观察电动机的运行状态及方向。不得对线路接线是否正确进行带电检查。在观察过程中，若发现有异常现象，立即停车。当电动机运转平稳后，用钳形电流表测量三相电流是否平衡。

（4）当出现故障、需带电检查时，必须在教师现场监护的情况下进行。检修完毕后，如果需要再次试车，也应该在教师现场监护下进行，并做好时间记录。

（5）通电试车结束后，应先切断电源，再拆除电动机线。

任务总结

三相异步电动机倒顺开关控制正反转控制线路是最简单的电气控制线路之一，本任务以三相异步电动机倒顺开关控制正反转控制线路的安装与调试为主线，学习倒顺开关的结构、电动机换向的原理、倒顺开关的选用标准和使用条件、倒顺开关控制正反转控制线路的工作原理、识读原理图、倒顺开关控制正反转控制线路的安装工艺要求、调试与检修三相异步电动机正反转控制线路。在提升学生理论学习的同时，提高学生的动手操作技能，为后续学习打下扎实基础。

任务二　接触器双重联锁正反转控制线路的安装与调试

任务目标

(1) 掌握利用接触器实现电源相序调换的原理。

(2) 理解接触器双重联锁的意义。

(3) 理解接触器双重联锁正反转控制线路的原理图、工作原理。

(4) 掌握接触器的安装与检修。

(5) 掌握接触器双重联锁正反转控制线路的布线图与元器件布置图。

(6) 掌握安装、调试接触器双重联锁正反转控制线路。

任务分析

接触器双重联锁正反转控制线路是本次学习任务中主要讲解的控制线路。在任务实施环节中，我们将安装、调试具有过载保护的接触器双重联锁正反转控制线路作为实训部分进行学习。具体任务如下。

(1) 掌握按钮、接触器、热继电器等元器件的必备知识。

(2) 理解、掌握接触器双重联锁正反转控制线路的工作原理。

(3) 检测元器件的质量、核对元器件的数量。

(4) 在规定时间内，正确、熟练安装，准确、安全地连接电源，进行通车试验。

(5) 正确使用仪器仪表，安装、布线技术符合工艺要求。

(6) 做到安全操作、文明生产。

知识准备

倒顺开关控制电动机正反转控制线路结构简单、所需元器件少，但由于其不能频繁换向、操作安全性差，只适用于小容量电动机的控制。而在实际生产中常常需要频繁换向、远距离控制和自动控制等功能。接触器双重联锁能使电动机实现更好的正反转控制。

一、接触器双重联锁正反转控制线路的工作原理

结合交流接触器的结构特点及工作特性，利用两个交流接触器交替工作，通过改变电源接入电动机的相序来实现电动机正反转控制，如图 2 - 2 - 1 所示。

从图 2 - 2 - 1 可以得出，当 KM1 主触头闭合时，电路按照 L1—U、L2—V、L3—W 接通，电动机正转；当 KM2 主触头闭合时，电路按照 L1—W、L2—V、L3—U 接通，电动机反转。

思考：如果主电路中 KM1、KM2 两个交流接触器的主触头同时闭合，会出现什么情况呢？

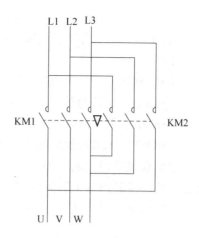

图 2 - 2 - 1　接触器双重联锁正反转控制线路原理

为了防止两个接触器主触头同时闭合，导致主电路发生短路事故，在控制电路中分别串联一对对方的辅助常闭触头。这个辅助触头的作用是，当一个接触器得电动作，通过其辅助常闭触头使另一个接触器不能得电动作，接触器之间这种互相制约的作用叫作接触器双重联锁或互锁，由此得到接触器双重联锁控制三相异步电动机的正反转控制电路原理图，如图 2 - 2 - 2 所示。

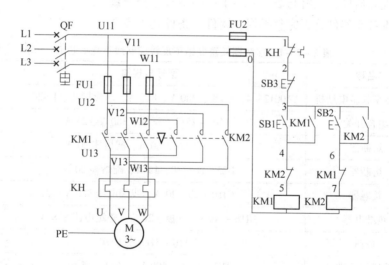

图 2 - 2 - 2　接触器双重联锁控制三相异步电动机正反转控制电路原理

结合图 2 - 2 - 2，分析接触器双重联锁控制三相异步电动机正反转控制线路的工作原理，先闭合电源开关 QF。

（一）正转控制

按下 SB1 ——→线圈 KM1 得电 ┬→KM1 常开辅助触头闭合自锁 ——→电动机启动并连续正转
　　　　　　　　　　　　　　 ├→KM1 主触头闭合 ——————————┘
　　　　　　　　　　　　　　 └→KM1 常闭辅助触头断开,分断 KM2,实现联锁

思考：在电动机处于正转的情况下，我们要怎样做才能让电动机反转呢？

（二）反转控制

按下 SB3 → 线圈 KM1 失电 →
- KM1 自锁触头分断，解除自锁 → 电动机失电停转
- KM1 主触头断开
- KM1 常闭辅助触头闭合，解除对 KM2 的联锁

再按下 SB2 → 线圈 KM2 得电 →
- KM2 常开辅助触头闭合自锁 → 电动机得电反转
- KM2 主触头闭合
- KM2 常闭辅助触头断开，分断 KM1，实现联锁

通过分析工作原理可知，接触器双重联锁控制三相异步电动机的正反转控制过程分三步走：正转—停止—反转，反之亦然。接触器双重联锁控制三相异步电动机正反转控制线路的优点是电路工作安全可靠，但因电动机进行正反转切换时必须要按下停止按钮，所以操作起来不方便。

思考：有什么办法可以实现电动机正反转直接切换呢？

任务实施

一、检查元器件

（1）检查元器件、耗材与表 2－2－1 中的型号是否一致。

（2）检查各元器件是否完整无损，附件、备件是否齐全。

表 2－2－1　接触器双重联锁正反转控制线路耗材明细

序号	名称	型号与规格	单位	数量
1	三相笼型异步电动机	Y10012－4，4 kW、380 V、8.8 A、△形接法、1 420 r/min	台	1
2	组合开关	HZ10－25/3，三极、380 V、25 A	个	1
3	熔断器	RL1－60/25，60 A、配熔体20 A	只	3
4	熔断器	D25－20/330，15 A、配熔体20 A	只	2
5	接触器	CJ10－20，20 A、线圈电压380 V	只	2
6	热继电器	JR16－20/3，三极、20 A、整定电流8.8 A	只	1
7	按钮	LA10－3H，保护式	个	3
8	接线端子排	JX2－1015，500 V、10 A、15 节	条	1
9	螺丝、螺母、平垫圈	M4×25 mm 或 M4×15 mm	套	若干
10	塑料软铜线	BVR－1 mm²，颜色：黑色或自定	米	若干
11	塑料软铜线	BVR－0.75 mm²，颜色：红色或自定	米	若干
12	塑料软铜线	BVR－1.5 mm²，颜色：黄绿双色	米	若干
13	别径压端子	UT2.5－4，UT1－4	个	若干
14	行线槽	TC3025，长34 cm，两边打φ3.5 mm孔	条	若干
15	异形编码套管	φ3.5 mm	米	若干

二、绘制元器件布置图与接线图（图2-2-3和图2-2-4）

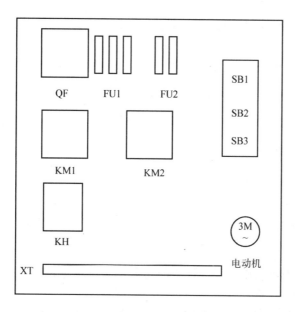

图2-2-3　接触器双重联锁正反转控制线路的元器件布置

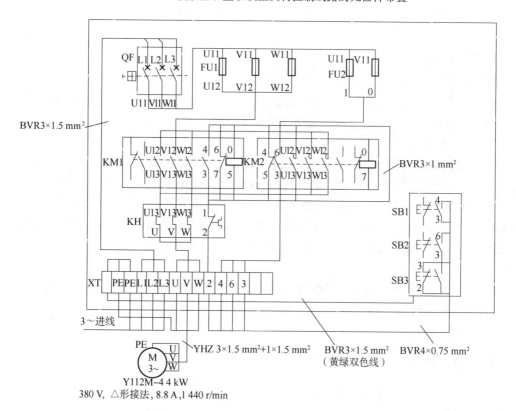

图2-2-4　接触器双重联锁正反转控制线路接线

三、布线

1. 安装元器件

按图 2 - 2 - 3 所示在控制板上安装元器件，并贴上醒目的文字符号。

2. 布线

按图 2 - 2 - 4 所示进行接线，具体布线工艺要求参照项目一中的工艺要求。注意按钮内接线的走线。

四、自检

(一) 按电路图或接线图逐段检查

(二) 用万用表检查线路的通断情况

用万用表的电阻挡检查，选用倍率适当的电阻挡，并进行校零，以防错漏短路故障。断开 QF，拆下接触器灭弧罩。

1. 主电路的检查

(1) 手动闭合接触器 KM1，将万用表的两个表笔分别放在 L1、U，L2、V，L3、W 上，测得万用表读数为 "0"。

(2) 手动闭合接触器 KM2，将万用表的两个表笔分别放在 L1、W，L2、V，L3、U 上，测得万用表读数为 "0"；再将万用表的两个表笔分别放在 L1、U，L3、W 上，测得万用表读数为 "∞"。

2. 检查控制电路

断开电源开关 QF，接好 FU2，进行以下几项检查。

(1) 检查正反转启动控制。将万用表的两个表笔跨接在 FU2 下端子标号 "0" 和 "1" 处，测得万用表读数为 "∞"，表示此时控制电路为断路状态。这时分别按下正转启动按钮 SB1 和反转启动按钮 SB2，测得万用表读数为接触器 KM1、KM2 线圈的电阻值。

(2) 检查自锁线路。松开按钮 SB1 或 SB2 后，按下 KM1 或 KM2 触头架，使其常开辅助触头闭合，测得万用表读数为接触器 KM1、KM2 线圈的电阻值。

如果操作按钮 SB1 或按下 KM1 触头架后，测得结果为断路，应检查按钮及 KM1 自锁触头是否正常，检查它们上、下端子的连接线是否正确、有无虚接及脱落。如果上述测量中的测得结果为短路，则重点检查单号、双号导线是否错接在同一端子上。反转控制线路的检查与此相同。

(3) 检查停车控制。在按下 SB1（SB2）或按下接触器 KM1（KM2）触头架测得 KM1（KM2）线圈电阻值后，同时按下按钮 SB3，则应测出辅助电路由通变断，否则检查按钮内接线，并排除错接。

五、连接电源、通电试车

(1) 在通电试车过程中，必须保证学生的人身安全和设备的安全，在教师指导下规范操作，学生不得私自通电。

(2) 在确认元器件、接线、负载和电源无误后，清理实训工作台上的杂物，告知周围的学生准备试车，在教师的监督下通电。

（3）熟悉操作过程、进行试车。

①空操作试验。闭合 QF，做以下试验。

按下正转启动按钮 SB1，接触器 KM1 得电吸合，观察是否符合线路功能要求、元器件的动作是否灵活、有无卡阻及噪声过大等现象。松开正转启动按钮 SB1，接触器应处于吸合的自锁状态；按下按钮 SB3，接触器应失电复位。反转试验同上。

用绝缘棒按下 KM1（KM2）触点架，当其自锁触点闭合时，接触器 KM1（KM2）线圈立即得电，触头保持闭合。按下按钮 SB3，接触器应失电复位。注意接触器 KM1 和 KM2 不得同时得电。

②带负荷试车。断开 QF，接好电动机接线，再合上 QF，先操作按钮 SB1 正转启动电动机，待电动机达到额定转速后观察电动机的运行状态及运行方向；再操作按钮 SB3，电动机应失电，正转停转。操作按钮 SB2 反转启动电动机，待电动机达到额定转速后观察电动机的运行状态及运行方向；再操作按钮 SB3。

在试车过程中，随时观察电动机的运行情况是否正常等，但不得对线路接线是否正确进行带电检查。在观察过程中，若发现有异常现象，应立即停车。当电动机运转平稳后，用钳形电流表测量三相电流是否平衡。

（4）当出现故障、需要带电检查时，必须在教师现场监护的情况下进行。检修完毕后，如果需要再次试车，也应该在教师现场监护下进行，并做好时间记录。

（5）通电试车结束后，应先切断电源，再拆除电动机线。

任务总结

本任务以三相异步电动机接触器双重联锁正反转控制线路的安装与调试为载体，学习接触器改变电源相序的方法，理解并掌握带过载保护的接触器双重联锁正反转控制线路的工作原理，能识读、绘制控制线路的布置图和接线图，能按照工艺要求调试、检修具有过载保护的电动机接触器双重联锁正反转控制线路。

任务三 按钮与接触器双重联锁正反转控制线路的安装与调试

任务目标

（1）正确理解、掌握按钮与接触器双重联锁正反转控制线路的工作原理。

（2）能正确识读按钮与接触器双重联锁正反转控制线路的原理图、接线图和布置图。

（3）能按照工艺要求正确安装按钮与接触器双重联锁正反转控制线路。

（4）能够调试、检修按钮与接触器双重联锁正反转控制线路。

任务分析

按钮与接触器双重联锁正反转控制线路是通过复合按钮和接触器来实现电动机的正反转控制的。具体的学习任务如下。

（1）正确理解、掌握按钮与接触器双重联锁正反转控制线路的工作原理。

（2）检测元器件的质量、核对元器件的数量。

（3）在规定时间内，正确、熟练地安装，准确、安全地连接电源，进行通车试验。

（4）正确使用仪器仪表，安装、布线技术符合工艺要求。

（5）做到安全操作、文明生产。

知识准备

一、按钮与接触器双重联锁正反转控制线路的工作原理

为了实现电动机正反转的直接切换，在接触器联锁控制三相异步电动机的正反转控制线路基础上引入按钮联锁，称为按钮与接触器双重联锁，其原理如图 2 - 3 - 1 所示。

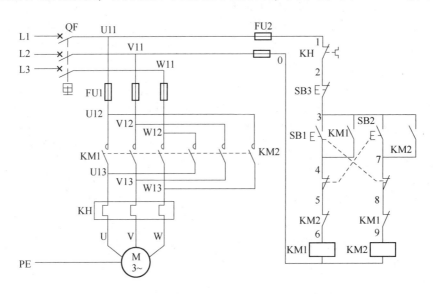

图 2 - 3 - 1　按钮与接触器双重联锁正反转控制线路原理

结合图 2 - 3 - 1，分析按钮与接触器双重联锁控制三相异步电动机的正反转控制线路的工作原理。先闭合电源开关 QF。

（一）正转控制

按下正转启动按钮 SB1 ——→SB1 常闭触头先分断对线圈 KM2 联锁，切断反转控制线路

　　　　　　　　　　　　　 ——→SB1 常开触头闭合 ——→线圈 KM1 得电 ——┐

　　电动机启动并连续正转 ←—— KM1 常开辅助触头闭合自锁 ←——┤

　　　　　　　　　　　　　 ——→ KM1 主触头闭合 ←———————┘

　　KM1 常闭辅助触头断开，分断 KM2 控制线路，实现联锁 ←

在正转状态下，可以直接切换到反转，电动机不再需要先停止后启动了。

（二）反转控制

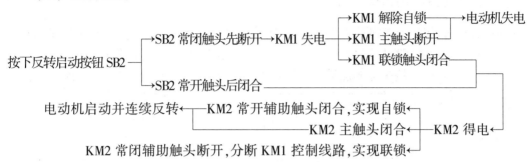

（三）停止

按下 SB3，整个控制电路失电，主触头分断，电动机失电停转。

任务实施

一、检查元器件

（1）检查元器件、耗材与表 2 - 3 - 1 中的型号是否一致。

（2）检查各元器件是否完整无损，附件、备件是否齐全。

表 2 - 3 - 1　按钮与接触器双重联锁正反转控制线路的器材及耗材明细

序号	名称	型号与规格	单位	数量
1	三相笼型异步电动机	Y112M - 4，4 kW、380 V、8.8 A、△形接法、1 440 r/min	台	1
2	组合开关	HZ10 - 25/3，三极、380 V、25 A	个	1
3	熔断器	RL1 - 60/25，60 A、配熔体 20 A	只	3
4	熔断器	D25 - 20/330，15 A、配熔体 20 A	只	2
5	接触器	CJ10 - 20，20 A、线圈电压 380 V	只	2
6	热继电器	JR16 - 20/3，三极、20 A、整定电流 8.8 A	只	1
7	按钮	LA10 - 3H，保护式	个	3
8	接线端子排	JX2 - 1015，500 V、10 A、15 节	条	1
9	螺丝、螺母、平垫圈	M4 × 25 mm 或 M4 × 15 mm	套	若干
10	塑料软铜线	BVR - 2.5 mm², 颜色：黑色或自定	米	若干
11	塑料软铜线	BVR - 0.75 mm², 颜色：红色或自定	米	若干
12	塑料软铜线	BVR - 1.5 mm², 颜色：黄绿双色	米	若干
13	别径压端子	UT2.5 - 4，UT1 - 4	个	若干
14	行线槽	TC3025，长 34 cm，两边打 φ3.5 mm 孔	条	若干
15	异形编码套管	φ3.5 mm	米	若干

二、绘制元器件布置图与接线图

绘制元器件布置图，经教师检查合格后，在控制板上安装元器件。元器件安装应牢固，并符合工艺要求，安装完元器件后贴上醒目的文字符号。按钮与接触器双重联锁正反转控制线路的布置如图 2 – 3 – 2 所示。按钮与接触器双重联锁正反转控制线路的接线如图 2 – 3 – 3 所示。

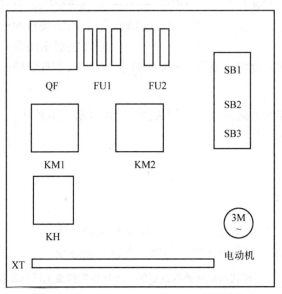

图 2 – 3 – 2　按钮与接触器双重联锁正反转控制线路的布置

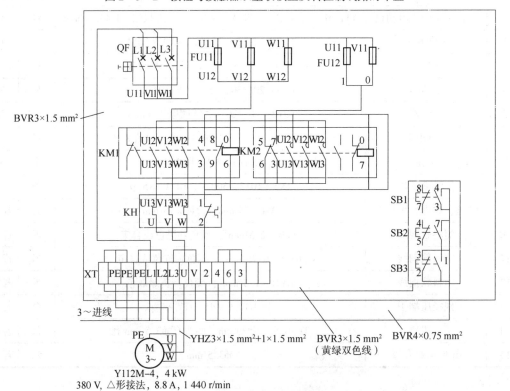

图 2 – 3 – 3　按钮与接触器双重联锁正反转控制线路的接线

三、布线

布线时，应符合平直、整齐、紧贴敷设面，走线合理及接点不得松动等要求。除此之外，本电路的安装布线还要注意如下事项。

（1）接线时，注意主电路中接触器 KM1、KM2 在正反转状态下电源相序的改变，不能接错。

（2）按钮联锁采用复合按钮，常闭触头要串联正确。

四、自检

（一）按电路图或接线图逐段检查

检查方法参考项目一任务一中的检查方法。

（二）用万用表检查线路的通断情况

用万用表电阻挡检查，断开 QF，拆下接触器灭弧罩。

1. 主电路的检查

按照接触器双重联锁正反转控制线路的主电路检查方法进行检查。

2. 控制电路的检查

（1）将控制电路与主电路断开，万用表应选用倍率适当的电阻挡，并进行校零，以防发生短路故障。将表笔分别搭在控制电路标号为 "0" "1" 的线端上，读数应为 "∞"。

（2）按下按钮 SB1，将表笔分别搭在控制电路标号为 "0" "1" 的线端上，读数应为接触器 KM1 线圈的直流电阻值，此时将万用表的表笔分别搭在控制电路标号为 "3" "9" 的线端上，读数应为 "∞"，表示反转控制支路受到按钮 SB1 联锁，为开路；松开按钮 SB1，手动按动接触器 KM1，使接触器触头闭合，此时将表笔分别搭在控制电路标号为 "3" "9" 的线端上，读数应为 "∞"，表示反转控制支路受到接触器 KM1 联锁，为开路。

（3）松开按钮 SB1，按下按钮 SB2，将表笔分别搭在控制电路标号为 "0" "1" 的线端上，读数应为接触器线圈的直流电阻值，此时将万用表的表笔分别搭在控制电路标号为 "4" "6" 的线端上，读数应为 "∞"，表示正转控制支路受到按钮 SB2 联锁，为开路；松开按钮 SB2，手动按动接触器 KM2，使接触器触头闭合，此时将表笔分别搭在控制电路标号为 "4" "6" 的线端上，读数应为 "∞"，表示正转控制支路受到接触器 KM2 联锁，为开路。

五、连接电源、通电试车

（1）在通电试车过程中，必须保证学生的人身安全和设备的安全，在教师指导下规范操作，学生不得私自通电。

（2）在确认元器件、接线、负载和电源无误后，清理实训工作台上的杂物，告知周围的学生准备试车，在教师的监督下通电。

（3）熟悉操作过程、进行试车。

①空操作试验。合上 QF，做以下试验。

一是正转启动运转及停车。按下按钮 SB1，接触器 KM1 应立即动作并能保持吸合状态；按下按钮 SB3 使接触器 KM1 释放。

二是反转启动运转及停车。按下按钮 SB2，接触器 KM2 应立即动作并能保持吸合状态；

按下按钮 SB3 使接触器 KM2 释放。

②带负荷试车。切断电源后，连接好电动机接线，装好接触器灭弧罩，合上 QF 试车。

试验正转启动运转后转反转运转及停车。先按下按钮 SB1，使电动机正转启动运转；再按下按钮 SB2，使电动机正转停止、反转启动运转；最后按下按钮 SB3 使电动机停转。

（4）当出现故障、需要带电检查时，必须在教师现场监护的情况下进行。检修完毕后，如果需要再次试车，也应该在教师现场监护下进行，并做好时间记录。

（5）通电试车结束后，应先切断电源，再拆除电动机线。

任务总结

本任务以三相异步电动机按钮与接触器双重联锁正反转控制线路的安装与调试为载体，学习按钮与接触器双重联锁的原理，理解并掌握按钮与接触器双重联锁正反转控制线路的工作原理，能识读、绘制按钮与接触器双重联锁正反转控制线路的布置图和接线图，能按照工艺要求调试、检修按钮与接触器双重联锁正反转控制线路。

项目评价

按钮与接触器双重联锁正反转控制线路的考核评价表

评分内容	配分/分	重点检查内容	分项配分/分	详细配分	扣分	得分
元器件安装	15	按电气原理图选接元器件	7	选错扣 1 分/个		
		元器件检测	8	检测误判扣 1 分/个		
电路连接	35	使用导线（颜色、线径）	2	每种导线 0.5 分		
		导线连接是否牢靠、正确	20	松动、接错、漏接扣 0.5 分/处		
		端子规范（端子压实、无毛刺，铜丝不能裸露太长，无剪断铜丝）	3	每个端子 0.1 分		
		号码管（线号、方向）	3	每个号码管 0.15 分		
		走线排列	4	走线应整齐美观，走线错位、交叉不整齐扣 0.2 分/处		
		保护接地	3	电源及电动机各处接地，少接一处扣 1 分		
电路调试	35	功能叙述	5	能主动叙述控制要求		
		仪表使用	5	熟练使用万用表进行上电前检测		
		电源功能正确	5	电源上电正常		
		控制电路功能正确	10	控制电路接触器控制正确，错一处扣 5 分		
		主电路功能正确	10	电动机控制正确，错一处扣 5 分		
职业素养和安全意识	15	上电短路或故意损坏设备	15	扣 10 分		
		违反操作规程		每次扣 2 分		
		劳动保护用品未穿戴		扣 3 分		

注：若发生重大安全事故，本次总成绩记为零分。

巩固练习

1. 如何使电动机改变转向？

2. 倒顺开关控制电动机正反转时，为什么不允许把手柄从"顺"位置直接扳至"倒"位置？

3. 什么是联锁控制？在电动机正反转控制线路中为什么必须有连锁控制？

4. 联锁和自锁的区别是什么？

5. 在电动机正反转控制线路中，为什么必须保证两个接触器不能同时工作？采用哪些措施可解决此问题，这些方法有何利弊，最佳方案是什么？

6. 画出点动的双重联锁正反转控制线路的电路图。

7. 某车床有两台电动机，一台主轴电动机，要求能正反转控制；另一台冷却泵电动机，只要求正转控制。两台电动机都要求有短路保护、过载保护、失压保护和欠压保护，试画出满足要求的电气控制电路图。

项目三　三相异步电动机位置控制与自动往返控制线路的安装与调试

 项目需求

在生产过程中，一些生产机械运动部件的行程或位置需要受到限制，或者需要运动部件能在一定范围内自动往返循环等。例如，在万能铣床、镗床、桥式起重机及各种自动或半自动控制的机床设备中经常会遇到这种控制要求；M7475B 平面磨床工作台被要求在一定行程内能自动往返运动，以便实现对工件的连续加工，从而提高生产效率。如果仅仅依靠设备的操作人员进行控制，不仅劳动强度大，而且生产的安全性得不到保证。而位置控制与自动往返控制能解决生产过程中的相关要求。

 项目工作场景

工作环境：电气、消防、卫生等符合实训安全要求的电工实训室，且具有投影仪等多媒体教学设备。

配套设备：电气安装与维修实训平台。

仪器仪表：每人配备电工常用工具一套（尖嘴钳一把，一字、十字螺丝刀各一把）、万用表一块、兆欧表一块等。

元器件及耗材：按电路安装元器件清单配备所需的元器件和耗材。

着装要求：穿工作服、穿绝缘胶鞋、戴胸牌。

 方案设计

本项目以三相异步电动机位置控制与自动往返控制线路的安装与调试为载体，配备电气安装与维修实训平台展开教学。结合本项目的知识点和技能点，将项目分解为位置控制线路的安装与调试和自动往返控制线路的安装与调试两个典型任务。首先，本项目主要介绍行程开关的结构原理、符号，位置控制电路的工作原理和自动往返控制电路的工作原理等理论知识；其次，通过安装、调试位置控制电路和自动往返控制电路，使读者进一步理解两种电气控制线路的工作原理，掌握两种电气控制线路的安装、调试以及检修技能。

相关知识和技能

知识点：

（1）行程开关的结构、符号、功能、选用方法、安装方法等。

（2）位置控制电路的原理图、接线图和布置图。

（3）自动往返控制电路的原理图、接线图和布置图。

（4）元器件的安装、布线工艺规范。

技能点：

（1）行程开关的选用、检修以及安装。

（2）位置控制线路的安装与调试。

（3）自动往返控制线路的安装与调试。

任务一　位置控制线路的安装与调试

任务目标

（1）了解行程开关的结构、符号、工作原理，初步掌握行程开关的选用标准和检修方法。

（2）理解三相异步电动机位置控制电路的工作原理。

（3）能绘制位置控制线路的接线图。

（4）正确安装三相异步电动机位置控制线路，安装、布线技术符合安装工艺规范。

（5）能够调试、检修三相异步电动机正转控制线路。

任务分析

利用生产机械运动部件上的挡铁与行程开关碰撞，使其触头动作，从而接通或断开电路，以实现对生产机械运动部件的位置或行程的自动控制，称为位置控制，又称为行程控制或限位控制，而实现这种控制要求所依靠的主要电器是行程开关或接近开关。我们要学会分析、安装、调试三相异电动机位置控制线路，具体要求如下。

（1）掌握位置控制线路的相关知识。

（2）合理选择行程开关，检测元器件的质量、核对元器件的数量。

（3）在规定时间内，依据电路图和布线的工艺要求，正确、熟练安装，准确、安全地连接电源，在教师的保护下进行通车试验。

（4）正确使用仪器仪表，安装、布线技术符合工艺要求。

（5）做到安全操作、文明生产。

一、行程开关

行程开关是一种利用生产机械中某些运动部件的碰撞来发出控制指令的主令电器，主要用于控制生产机械的运动方向、速度、行程或位置，是一种自动控制电器。

行程开关的作用原理与按钮的作用原理相同，区别在于它不是靠手指的按压使其触头动作，而是利用生产机械运动部件的碰压使其触头动作，从而将机械信号转换为电信号，使运动机械按既定的位置或行程实现自动停止、反向运动、变速运动或自动往返运动等。常见的行程开关如图 3 - 1 - 1 所示。

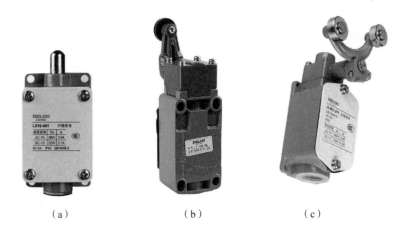

（a）　　　　　　　（b）　　　　　　　（c）

图 3 - 1 - 1　常见的行程开关

（a）单轮旋转式；（b）直动式（按钮式）；（c）双轮旋转式

（一）行程开关的结构与符号

行程开关由操作机构、触头系统和外壳组成，如图 1 - 3 - 2（a）所示。行程开关在电路图中的符号如图 1 - 3 - 2（b）所示。

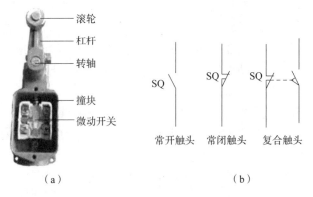

| 滚轮 |
| 杠杆 |
| 转轴 |
| 撞块 |
| 微动开关 |

SQ　常开触头　　SQ　常闭触头　　SQ　复合触头

（a）　　　　　　　　　　　　　　（b）

图 3 - 1 - 2　行程开关的结构与符号

（a）结构；（b）符号

（二）行程开关的型号及含义

目前，机床中常用的行程开关有 LX19 和 JLXK1 等系列。下面为行程开关的型号及含义。

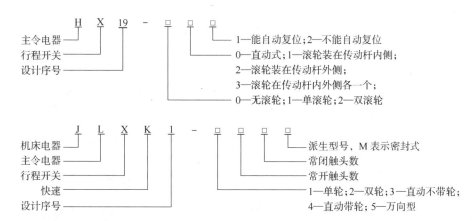

（三）动作原理

当运动机械的挡铁撞到行程开关的滚轮上时，传动杠杆同转轴一起转动，使轮撞动撞块，当撞块被压到一定位置时，推动微动开关快速动作，使其常闭触头断开、常开触头闭合；滚轮上的挡铁移开后，复位弹簧就使行程开关各部分复位。这种单轮旋转式行程开关能自动复位，还有一种直动式（按钮式）行程开关也是依靠复位弹簧复位的。双轮旋转式行程开关不能自动复位，依靠运动机械反向移动时挡铁碰触另一侧滚轮将其复位。

行程开关一般具有快速换接动作机构，它的触头瞬时动作，这样可以保证动作的可靠性和准确性，还可以减轻电弧对触头的烧灼。

行程开关的触头有一常开一常闭、一常开二常闭、二常开一常闭、二常开二常闭等形式。行程开关的动作方式可分为瞬动、蠕动和交叉从动式三种。动作后的复位方式有自动复位和非自动复位两种。

（四）行程开关的安装与使用

（1）行程开关安装时，安装位置要准确，安装要牢固；滚轮的方向不能装反，挡铁与其碰撞的位置应符合控制线路的要求，并确保能可靠地与挡铁碰撞。

（2）行程开关在使用中要定期检查和保养，清理触头，除去油垢及粉尘；经常检查其动作是否灵活、可靠，及时排除故障，防止因行程开关触头接触不良或接线松脱产生误动作而导致设备和人身安全事故。

行程开关的主要参数有型号、工作行程、额定电压及触头的电流容量，在产品说明书中都有详细说明。行程开关主要根据动作要求、安装位置及触头数量来进行选择。LX19 和 JLXK1 系列行程开关的主要技术数据如表 3 – 1 – 1 所示。

表 3-1-1　LX19 和 JLXK1 系列行程开关的主要技术数据

型号	额定电压/电流容量	结构特点	触头（对数）		工作行程	超行程	触头转换时间
			常开	常闭			
LX19		元件	1	1	3 mm	3 mm	
LX19-111		单轮，滚轮装在传动杆内侧，能自动复位	1	1	约30°	约30°	
LX19-121		单轮，滚轮装在传动杆外侧，能自动复位	1	1	约30°	约30°	
LX19-131	380 V 5 A	单轮，滚轮装在传动凹槽内，能自动复位	1	1	约30°	约30°	≤0.04 s
LX19-212		双轮，滚轮装在传动杆内侧，不能自动复位	1	1	约30°	约30°	
LX19-222		双轮，滚轮装在传动杆外侧，不能自动复位	1	1	约30°	约30°	
LX19-232		双轮，滚轮在传动杆内外侧各一个，不能自动复位	1	1	约30°	约30°	
LX19-001		无滚轮，仅有径向传动杆，能自动复位	1	1	<4 mm	<4 mm	
JLK1-111		单轮保护式	1	1	12°~15°	≤30°	
JLK1-211	500 V 5 A	双轮保护式	1	1	约45°	≤45°	≤0.04 s
JLK1-311		直动保护式	1	1	1~3 mm	2~4 mm	
JLK1-411		直动滚轮保护式	1	1	1~3 mm	2~4 mm	

（五）常见故障及处理方法

行程开关的常见故障及处理方法如表 3-1-2 所示。

表 3-1-2　行程开关的常见故障及处理方法

故障现象	可能的原因	处理方法
挡铁碰撞位置开关后，触头不动作	（1）安装位置不正确 （2）触头接触不良或接线松脱 （3）触头弹簧失效	（1）调整安装位置 （2）清刷触头或紧固接线 （3）更换弹簧
杠杆已经偏转或无外界机械力作用，但触头不复位	（1）复位弹簧失效 （2）内部弹簧卡阻 （3）调节螺钉太长，顶住开关按钮	（1）更换弹簧 （2）清扫内部杂物 （3）检查调节螺钉

二、位置控制电路的工作原理

位置控制电路如图 3-1-3 所示，工厂车间的行车常采用这种电路，图中右下角所示是行车运动示意图，行车的两头始终安装一个位置开关 SQ1 和 SQ2，将这两个位置开关的常闭触头分别串联在正转控制电路和反转控制电路中。行车前后分别装有挡铁1和挡铁2，行车的行程和位置可通过位置开关的安装位置来调节。

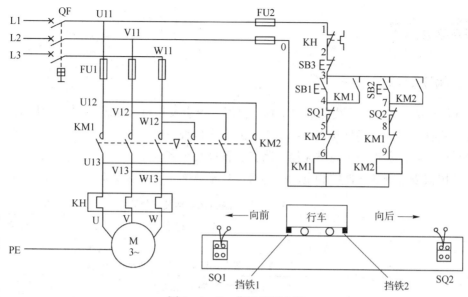

图 3 – 1 – 3 位置控制电路

位置控制电路的工作原理如下。

（一）行车向前运动

先合上电源开关 QF，按下 SB1 →KM1 线圈得电——→KM1 自锁触头闭合自锁

→KM1 主触头闭合——→电动机 M 正转——

→KM1 联锁触头分断对 KM2 的联锁

KM1 线圈失电←SQ 常闭触头断开←至限定位置挡铁 1 撞击 SQ1←工作台左移←

KM1 自锁触头分断,解除自锁←

电动机 M 停转←——KM1 主触头复位断开←

KM1 联锁触头恢复闭合←

此时，即使再按下 SB1，由于 SQ1 常闭触头已分断，接触器 KM1 线圈不会得电，从而保证了行车不会超过 SQ1 所在的位置。

（二）行车向后运动

先合上电源开关 QF，按下 SB2 →KM2 线圈得电——→KM2 自锁触头闭合自锁

→KM2 主触头闭合——→电动机 M 反转

→KM2 联锁触头分断对 KM1 的联锁

KM2 线圈失电←SQ 常闭触头断开←至限定位置挡铁 2 撞击 SQ2←工作台右移←

KM2 自锁触头分断,解除自锁←

电动机 M 停转←——KM2 主触头复位断开←

KM2 联锁触头恢复闭合←

在按下 SB1（SB2）后，按下 SB3，整个控制电路失电，KM1（或 KM2）主触头分断，电动机 M 失电停转。

停车时，只要按下 SB3 即可。

一、检查元器件

根据位置控制线路的接线图选用工具、仪器、仪表及耗材，如表3-1-3所示。

（1）检查元器件、耗材与表3-1-3中的型号是否一致。

（2）检查各元器件是否完整无损，附件、备件是否齐全。

（3）用仪表检查各元器件和电动机的有关技术数据是否符合要求。

表3-1-3　位置控制线路的元器件及耗材明细

序号	名称	型号与规格	单位	数量
1	三相笼型异步电动机	YD112M-4/2，3.3 kW/4 kW、380 V、7.4 A/8.6 A、△-YY接法、1 440 r/min或2 890 r/min	台	1
2	电源开关	HK1-30，三极、380 V、30 A	个	1
3	位置开关	JLXK1-111，单轮旋转式	个	2
4	熔断器及熔芯配套	RL1-60/20，500 V、60 A、配熔芯25 A	套	3
5	熔断器及熔芯配套	RL1-15/2，500 V、15 A、配熔芯25 A	套	2
6	交流接触器	CJT1-120，20 A、线圈电压380 V	只	2
7	热继电器	JR16-20/3D，整定电流8.6 A	只	1
8	按钮	LA10-3H或LA4-3H	个	2
9	接线端子排	JX2-1015，500 V、10 A、15节	条	1
10	螺丝、螺母、平垫圈	M4×25 mm或M4×15 mm	套	35
11	塑料软铜线	BVR-2.5 mm²，颜色：黑色或自定	米	25
12	塑料软铜线	BVR-1 mm²，颜色：黑色或自定	米	25
13	塑料软铜线	BVR-0.75 mm²，颜色：红色或自定	米	15
14	塑料软铜线	BVR-1.5 mm²，颜色：黄绿双色	米	1
15	别径压端子	UT2.5-4，UT1-4	个	20
16	行线槽	TC3025，长34 cm，两边打φ3.5 mm孔	条	5
17	异形编码套管	φ3.5 mm	米	0.3

二、绘制元器件布置图与接线图

请读者参照三相异步电动机正反转控制线路自行绘制布置图和接线图。

三、布线

（1）安装工艺要求可参照接触器双重联锁正反转控制线路的安装工艺要求进行。

（2）在设备规定的位置上安装行程开关，检查、调整挡铁与行程开关滚轮的相对位置，保证控制动作准确、可靠。

四、自检

（一）按电路图或接线图逐段检查

检查方法参考项目一任务一中的检查方法。

（二）用万用表检查线路的通断情况

1. 主电路的检查

断开 QF，主电路的检查方法与三相异步电动机正反转控制线路的检查方法相同。

2. 控制电路的检查

拆下电动机接线，检查控制电路的正反启动、自锁、联锁及按钮的控制和保护作用。

（1）选择万用表合理的电阻挡进行电阻测量法检查。

（2）断开熔断器 FU2，将万用表表笔接在"0""1"接点上，此时万用表读数应为"∞"。

（3）正转启动电路的检查：按下按钮 SB1，万用表应显示 KM1 线圈电阻值；再按下按钮 SB3，万用表读数为"∞"，说明线路由通到断，电动机正转控制线路正常。

（4）行程开关 SQ1 对 KM1 的控制作用：按下按钮 SB1，万用表应显示 KM1 线圈电阻值；再触发行程开关 SQ1，万用表读数为"∞"，说明行程开关 SQ1 良好。

（5）正转自锁电路的检查：按下 KM1 主触头，万用表应显示 KM1 线圈电阻值，说明 KM1 自锁电路正常；再按下按钮 SB3，万用表读数为"∞"。

（6）采用与（3）~（5）相同的方法检查反转控制电路是否正常。

五、连接电源、通电试车

（1）在通电试车过程中，必须保证学生的人身安全和设备的安全，在教师指导下规范操作，学生不得私自通电。

（2）在确认元器件、接线、负载和电源无误后，清理实训工作台上的杂物，告知周围的学生准备试车，在教师的监督下通电。

（3）熟悉操作过程、进行试车。

①空操作试验。合上电源开关 QF，按照按钮与接触器双重联锁正反转控制线路的试验步骤检查各控制、保护环节的动作。试验结果一切正常后，按下按钮 SB1 使 KM1 得电动作，然后用绝缘棒按下按钮 SQ1 的滚轮，使其触头分断，则 KM1 应失电释放。用同样的方法检查按钮 SQ2 对 KM2 的控制作用。

②带负荷试车。断开电源开关 QF，接好电动机接线，装好接触器的灭弧罩。合上刀开关 QF，做好立即停车的准备，进行下述几项试验。

一是，检查电动机转向。按下按钮 SB1，电动机启动并拖带设备上的运动部件开始移动，观察运动部件的移动方向是否符合要求。如果运动部件的移动方向不符合要求，则应立即断电停车。同样，按下按钮 SB2，观察运动部件的移动方向是否正常。

二是，检查行程开关的限位控制作用。当部件移动到规定位置附近时，要注意观察挡铁与行程开关 SQ1（或 SQ2）滚轮的相对位置，当行程开关 SQ1（或 SQ2）被挡铁操作后，电动机是否立即停车。

（4）当出现故障、需要带电检查时，必须在教师现场监护的情况下进行。检修完毕后，如果需要再次试车，也应该在教师现场监护下进行，并做好时间记录。

（5）通电试车结束后，应先切断电源，再拆除电动机线。

任务总结

三相异步电动机位置控制线路是位置控制的基础。本任务以三相异步电动机位置控制线路的安装与调试为主线，学习行程开关的结构、选用标准和检修方法，理解和掌握位置控制线路的工作原理，按照工艺要求安装位置控制线路并进行调试和检修。通过对三相异步电动机位置控制线路安装与调试的学习为下一学习任务打下基础。

任务二 自动往返控制线路的安装与调试

任务目标

（1）能正确理解三相异步电动机自动往返控制线路的工作原理。

（2）能识读自动往返控制线路的原理图，能绘制其布置图、接线图。

（3）正确安装三相异步电动机自动往返控制线路，安装、布线技术符合安装工艺规范。

（4）能够调试、检修三相异步电动机自动往返控制线路。

任务分析

位置控制电路可以使生产机械的运动部件按照提前设计好的位置停车。但有些生产机械要求工作台在一定的行程内能自动往返运动，以便实现对工件的连续加工、提高生产效率。这就需要电气控制线路能对电动机实现自动转换正反转控制，而这种利用机械运动触碰行程开关实现电动机自动转换正反转控制的电路就是电动机自动往返控制电路。本次工作任务就是要完成用行程开关控制的三相异步电动机自动往返控制线路的安装与调试。具体的任务要求如下。

（1）掌握自动往返控制线路的相关知识。

（2）合理选择行程开关，检测元器件的质量、核对元器件的数量。

（3）在规定时间内，依据电路图和布线的工艺要求，正确、熟练安装，准确、安全地连接电源，在教师的保护下进行通车试验。

（4）正确使用仪器仪表，安装、布线技术符合工艺要求。

（5）做到安全操作、文明生产。

知识准备

由行程开关控制的工作台自动往返控制线路如图3-2-1所示，图中右下角所示为工作台自动往返运动的示意图。

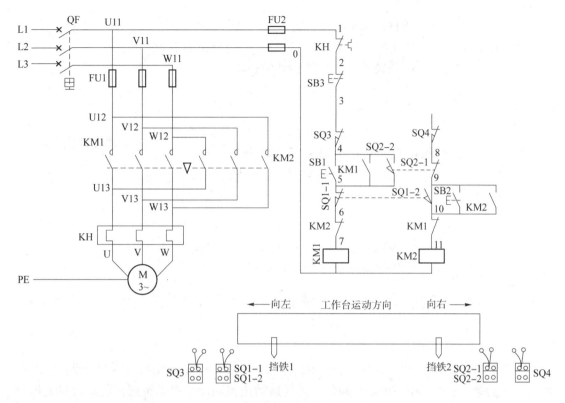

图 3 - 2 - 1 由行程开关控制的工作台自动往返控制线路

　　为了使电动机的正反转控制与工作台的左右运动相配合，在控制线路中设置了四个行程开关 SQ1、SQ2、SQ3 和 SQ4，并把它们安装在工作台需限位的地方。其中 SQ1、SQ2 被用来自动换接电动机正反转控制电路，实现工作台的自动往返行程控制；SQ3 和 SQ4 被用来作终端保护，以防止 SQ1、SQ2 失灵，工作台越过限定位置而造成事故。在工作台边的 T 形槽中装有两块挡铁，挡铁 1 只能和 SQ1、SQ3 相碰撞，挡铁 2 只能和 SQ2、SQ4 相碰撞。当工作台运动到所限位置时，挡铁碰撞行程开关，使其触头动作，自动换接电动机正反转控制电路，通过机械传动机构使工作台自动往返运动。工作台的行程可通过移动挡铁位置来调节，拉开两块挡铁间的距离，行程就变短；反之，则变长。

　　由行程开关控制的工作台自动往返控制线路的具体工作原理如下。

（一）自动往返控制

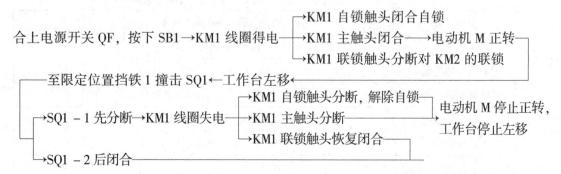

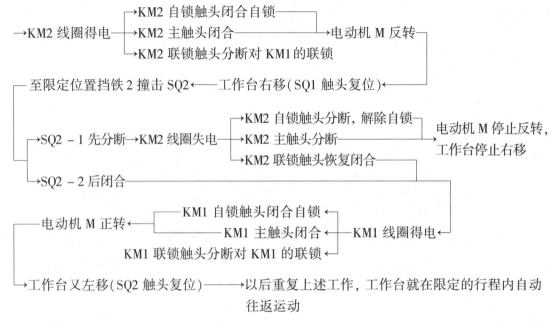

（二）停止

合上电源开关 QF，按下 SB3，整个控制电路失电，KM1（或 KM2 主触头分断），电动机 M 失电停转。这里 SB1、SB2 分别作为正转启动按钮和反转启动按钮，若启动时工作台在左侧，则应按下 SB2 进行启动。

任务实施

一、检查元器件

（1）检查元器件、耗材与表 3 – 2 – 1 中的型号是否一致。

（2）检查各元器件是否完整无损，配件是否齐全。

表 3 – 2 – 1　自动往返控制线路的耗材及元器件明细

序号	名称	型号与规格	单位	数量
1	三相笼型异步电动机	YD112M – 4/2，3.3 kW/4 kW、380 V、7.4 A/8.6 A、△ – YY 接法、1 440 r/min 或 2 890 r/min	台	1
2	电源开关	HK1 – 30，三极、380 V、30 A	个	1
3	位置开关	JLXK1 – 111，单轮旋转式	个	4
4	熔断器及熔芯配套	RL1 – 60/20，500 V、60 A、配熔芯 25 A	套	3
5	熔断器及熔芯配套	RL1 – 15/2，500 V、15 A、配熔芯 25 A	套	2
6	交流接触器	CJT1 – 120，20 A、线圈电压 380 V	只	2
7	热继电器	JR16 – 20/3D，整定电流 8.6 A	只	1
8	按钮	LA10 – 3H 或 LA4 – 3H	个	2

续表

序号	名称	型号与规格	单位	数量
9	接线端子排	JX2-1015，500 V、10 A、15 节	条	1
10	螺丝、螺母、平垫圈	M4×25 mm 或 M4×15 mm	套	若干
11	塑料软铜线	BVR-2.5 mm^2，颜色：黑色或自定	米	若干
12	塑料软铜线	BVR-1 mm^2，颜色：黑色或自定	米	若干
13	塑料软铜线	BVR-0.75 mm^2，颜色：红色或自定	米	若干
14	塑料软铜线	BVR-1.5 mm^2，颜色：黄绿双色	米	若干
15	别径压端子	UT2.5-4，UT1-4	个	若干
16	行线槽	TC3025，长 34 cm，两边打 ϕ3.5 mm 孔	条	若干
17	异形编码套管	ϕ3.5 mm	米	若干

二、绘制元器件布置图与接线图

请读者自行绘制布置图和接线图。

三、布线

安装工艺要求可参照位置控制线路的安装工艺要求。

四、自检

（一）按电路图或接线图逐段检查

检查方法参考项目一任务一中的检查方法。

（二）用万用表检查线路的通断情况

1. 主电路的检查

断开 QF，主电路的检查方法与正反转控制线路的检查方法相同。

2. 控制电路的检查

拆下电动机接线，检查控制电路的正反启动、自锁、联锁及按钮的控制和保护作用。以上各项正常无误再做下述各项检查。

（1）选择万用表合理的电阻挡进行电阻测量法检查。

（2）断开熔断器 FU2，将万用表表笔接在 "0" "1" 接点上，此时万用表的读数应为 "∞"。

（3）正向行程控制的检查。按下按钮 SB1 不松开，万用表的读数应为 KM1 线圈电阻值；再轻轻按下 SQ1 的滚轮，万用表的读数为 "∞"，说明线路由通到断；将 SQ1 的滚轮按到底，万用表的读数应为 KM2 线圈电阻值，说明电动机正转控制线路正常。

（4）正向限位控制的检查。按下按钮 SB1 测得 KM1 线圈的直流电阻值后，再按下 SB3 的滚轮，也应测出电路由通到断。按下按钮 SB1 不松开，万用表的读数应为 KM1 线圈电阻值；再按下 SQ3 的滚轮，万用表的读数应为"∞"，说明线路由通到断。

（5）行程开关联锁作用的检查。同时按下 SQ1 和 SQ2 的滚轮，测量结果应为断路。采用同样的方法和步骤对反向行程控制线路进行检查。

五、连接电源、通电试车

（1）在通电试车过程中，必须保证学生的人身安全和设备的安全，在教师指导下规范操作，学生不得私自通电。

（2）在确认元器件、接线、负载和电源无误后，清理实训工作台上的杂物，告知周围的学生准备试车，在教师的监督下通电。

（3）熟悉操作过程、进行试车。

①空操作试验。检查 SB1、SB2 及 SB3 对 KM1、KM2 的启动及停止控制作用，检查接触器的自锁、联锁线路的作用。反复操作几次检查线路动作的可靠性。上述各项操作试验正常后，再做以下检查。

一是，行程控制试验。按下按钮 SB1 使 KM1 得电动作后，用绝缘棒轻按 SQ1 的滚轮，使其常闭触头分断，KM1 应释放，将 SQ1 的滚轮继续按到底，KM2 得电动作；再用绝缘棒缓慢按下 SQ2 的滚轮，应先后看到 KM2 释放、KM1 得电动作。

二是，限位保护试验。按下按钮 SB1 使 KM1 得电动作后，用绝缘棒按下 SQ3 的滚轮，KM1 应失电释放；同样，按下按钮 SB2 使 KM2 得电动作，按下 SQ4 的滚轮，KM2 应失电释放。

②带负荷试车。断开 QF，接好电动机接线，合上 QF 进行以下几项试验。

一是，电动机转动方向试验。操作按钮 SB1 启动电动机，观察电动机所拖动的部件是否向 SQ1 的方向移动。同样，按下按钮 SB2，观察运动部件的运动方向是否正常。

二是，正反向控制试验。交替操作 SB1、SB3 和 SB2、SB3，检查电动机转向是否受控。

三是，行程控制试验。做好立即停车准备，启动电动机，观察设备上运动部件在正、反两个方向规定位置之间往返的情况，试验行程开关及线路动作的可靠性。

四是，限位控制试验。在设备运行中用绝缘棒按压该方向上的限位保护行程开关，观察电动机是否断电停车。

（4）当出现故障、需要带电检查时，必须在教师现场监护的情况下进行。检修完毕后，如果需要再次试车，也应该在教师现场监护下进行，并做好时间记录。

（5）通电试车结束后，应先切断电源，再拆除电动机线。

任务总结

自动往返控制线路能对电动机实现自动转换正反转控制，将其应用在生产机械中可以提高生产效率。本任务以三相异步电动机自动往返控制线路的安装与调试为主线，进一步学习行程开关的结构、选用标准和检修方法，理解和掌握自动往返控制线路的工作原理，能按照工艺要求安装自动往返控制线路，并进行调试和检修。

项目评价

自动往返控制线路的考核评价表

评分内容	配分/分	重点检查内容	分项配分/分	详细配分	扣分	得分
元器件安装	15	按电气原理图选接元件	7	选错扣1分/个		
		元器件检测	8	检测误判扣1分/个		
电路连接	35	使用导线（颜色、线径）	2	每种导线0.5分		
		导线连接是否牢靠、正确	20	松动、接错、漏接扣0.5分/处		
		端子规范（端子压实、无毛刺，铜丝不能裸露太长，无剪断铜丝）	3	每个端子0.1分		
		号码管（线号、方向）	3	每个号码管0.15分		
		走线排列	4	走线应整齐美观，走线错位、交叉不整齐扣0.2分/处		
		保护接地	3	电源及电动机各处接地，少接一处扣1分		
电路调试	35	功能叙述	5	能主动叙述控制要求		
		仪表使用	5	熟练使用万用表进行上电前检测		
		电源功能正确	5	电源上电正常		
		控制电路功能正确	10	控制电路控制正确，错一处扣5分		
		主电路功能正确	10	电动机控制正确，错一处扣5分		
职业素养和安全意识	15	上电短路或故意损坏设备	15	扣10分		
		违反操作规程		每次扣2分		
		劳动保护用品未穿戴		扣3分		

注：若发生重大安全事故，本次总成绩记为零分。

巩固练习

1. 行程开关的触头动作方式有哪几种？各有什么特点？

2. 安装和使用行程开关时应注意哪些问题？

3. 什么是位置控制？某工厂车间需要用一辆行车，要求按题图3－1所示运动。画出满足要求的控制电路图。

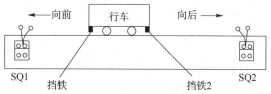

题图 3－1

4. 什么是自动往返控制？若使题图 3 – 1 中的行车启动后自动往返运动，其控制电路图应该如何设计？

5. 题图 3 – 2 所示为工作台自动往返行程控制线路图的主电路，补画其控制电路，并说明四个行程开关的作用。

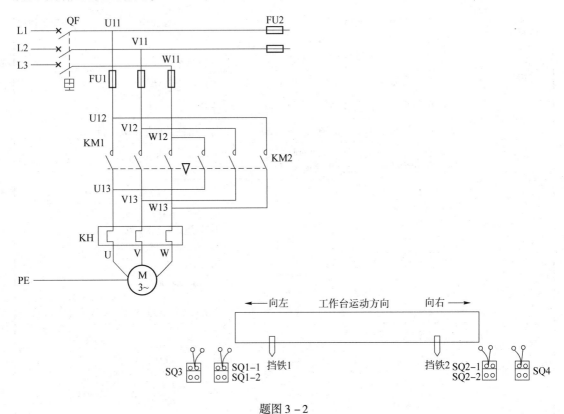

题图 3 – 2

项目四 三相异步电动机顺序控制与多地控制线路的安装与调试

 **项目需求**

在装有多台电动机的生产机械上，各电动机所起的作用是不同的，有时需要按一定的顺序启动或停止才能保证操作过程合理和工作安全可靠。例如，X62W型万能铣床要求主轴电动机启动后，进给电动机才能启动；M7120型平面磨床要求当砂轮电动机启动后，冷却泵电动机才能启动。像这种要求几台电动机的启动或停止必须按一定的先后顺序来完成的控制方式，叫作电动机的顺序控制。

 项目工作场景

工作环境：电气、消防、卫生等符合实训安全要求的电工实训室，且具有投影仪等多媒体教学设备。

配套设备：电气安装与维修实训平台。

仪器仪表：每人配备电工常用工具一套（尖嘴钳一把，一字、十字螺丝刀各一把）、万用表一块、兆欧表一块。

元器件及耗材：按电路安装元器件清单配备所需的元器件和耗材。

着装要求：穿工作服、穿绝缘胶鞋、戴胸牌。

 方案设计

本项目以三相笼型异步电动机顺序控制与多地控制线路的安装与调试为载体，配备电气安装与维修实训平台展开教学。结合本项目的知识点和技能点，将项目由浅入深分解为两台电动机顺序启动控制线路的安装与调试、电动机多地控制线路的安装与调试两个典型任务。通过引入电气线路的安装与调试的几个具体实例，使读者快速掌握电气控制线路的工作原理、安装、调试以及安装工艺规范。

相关知识和技能

知识点：

（1）电动机主电路实现顺序控制线路的组成、工作原理。

（2）电动机控制电路实现顺序控制线路的组成、工作原理。

（3）电动机多地控制线路的组成、工作原理。

（4）时间继电器控制顺序启动与顺序停止控制线路的组成、工作原理。

技能点：

（1）电动机主电路实现顺序控制线路的安装与调试。

（2）电动机控制电路实现控制线路的安装与调试。

（3）电动机多地控制线路的安装与调试。

（4）时间继电器控制顺序启动、顺序停止控制线路的安装与调试。

任务一　两台电动机顺序启动控制线路的安装与调试

任务目标

（1）能正确理解两台电动机顺序启动控制线路的工作原理。

（2）正确安装两台电动机顺序启动控制线路，安装、布线技术符合安装工艺规范。

（3）能够调试、检修两台电动机顺序启动控制线路。

任务分析

在装有多台电动机的生产机械上各电动机所起的作用不同，有时会按一定的顺序启动，这样才可以保证操作过程合理和工作安全可靠。这些顺序关系反映在控制线路上，称为顺序控制。

本任务会介绍几种顺序启动、顺序停止的电动机控制线路。本任务的目标是完成两台电动机的顺序启动控制线路的安装和调试。为了完成本次任务，需要解决下面几个问题。

（1）正确理解和掌握两台电动机顺序启动控制线路的工作原理。

（2）两台电动机顺序启动控制线路的识读和绘制。

（3）两台电动机顺序启动控制线路的安装与调试。

（4）能用万用表对控制电路进行通电前的检查。

知识准备

一、主电路实现顺序控制

（一）主电路和控制电路

如图 4-1-1 所示为主电路实现的顺序控制线路，其特点是 KM2 的主电路接在 KM1 主触头的下面。电动机 M1 和 M2 分别通过接触器 KM1 和 KM2 来控制，KM2 的主触头接在 KM1 主触头的下面，这样就保证了当 KM1 主触头闭合，M1 启动后，M2 才能启动。

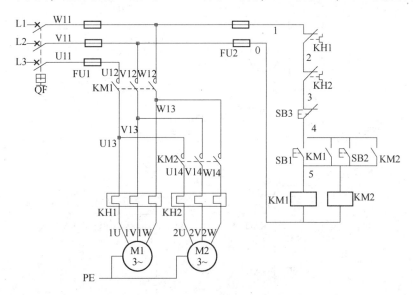

图 4-1-1 主电路实现的顺序控制线路

（二）工作原理

1. 启动

2. 停止

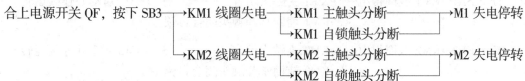

二、控制电路实现顺序控制

控制电路实现顺序控制的电路如图 4-1-2 所示。图 4-1-2（a）为三相异步电动机顺序控制的主电路。

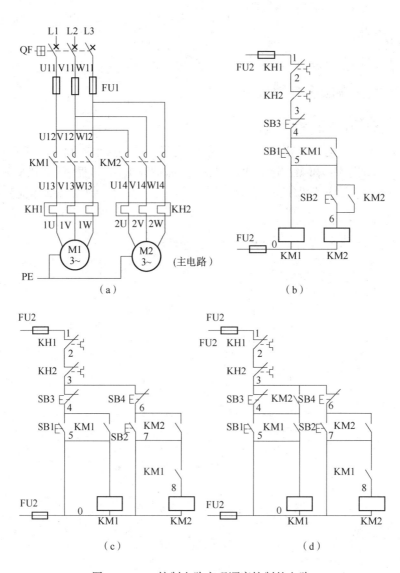

图 4 - 1 - 2　控制电路实现顺序控制的电路

（a）主电路；（b）控制电路 1；（c）控制电路 2；（d）控制电路 3

（1）如图 4 - 1 - 2（b）所示控制电路的特点是：KM2 的线圈接在 KM1 自锁触头后面，这就保证了 M1 启动后 M2 才能启动的顺序控制要求。该线路的工作原理如下。

启动：按下 SB1→KM1 线圈得电 ┬→KM1 主触头闭合 ─────────────→M1 启动并连续运转
　　　　　　　　　　　　　　└→KM1 辅助常开触头闭合自锁

　　　按下 SB2→KM2 线圈得电 ┬→KM2 主触头闭合 ─────────────→M2 启动并连续运转
　　　　　　　　　　　　　　└→KM2 辅助常开触头闭合自锁

停止：按下 SB3 ┬→KM1 线圈失电 ┬→KM1 主触头分断 ─────────→M1 失电停转
　　　　　　　　　　　　　　　　└→KM1 自锁触头分断
　　　　　　　　└→KM2 线圈失电 ┬→KM2 主触头分断 ─────────→M2 失电停转
　　　　　　　　　　　　　　　　└→KM2 自锁触头分断

（2）如图 4-1-2（c）所示控制电路的特点是：在 KM2 的线圈回路中串联了 KM1 的常开触头。显然，KM1 不吸合，即使按下 SB2，KM2 也不能吸合，这就保证了只有 M1 电动机启动后 M2 电动机才能启动。停止按钮 SB3 控制两台电动机同时停止，停止按钮 SB4 控制 M2 电动机单独停止。

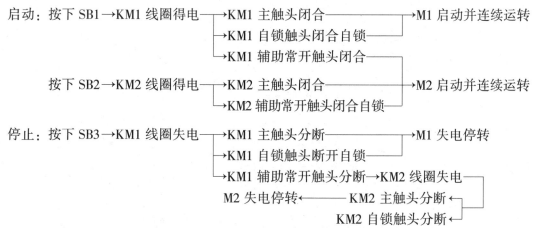

（3）图 4-1-2（d）是两台电动机顺序启动、逆序停止控制电路，在图中由于 KM1 常开辅助触头和接触器 KM2 线圈串联，所以启动时必须先按下启动按钮 SB1，使 KM1 线圈通电，M1 先启动运行后再按下启动按钮 SB2，使 KM2 线圈得电，M2 方可启动运行。M1 不启动，M2 就不能启动，即按下 M1 启动按钮 SB1 之前，先按 M2 启动按钮 SB2 是无效的。

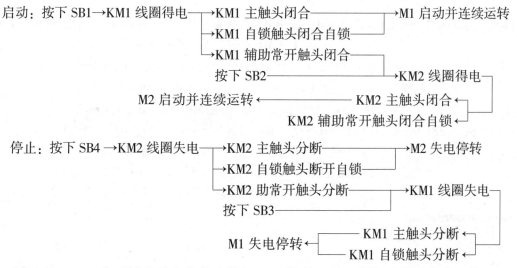

同时由于 KM2 常开辅助触头与停止按钮 SB3 并联，所以停车时必须先按下停止按钮 SB4，使 KM2 线圈断电，当 M2 停下来以后再按下 SB3，才能使 KM1 线圈失电，继而使 M1 停车，M2 不停止，M1 就不能停止，即按下 M2 的停止按钮 SB4 之前，先按 M1 停止按钮 SB3 是无效的。

三、时间继电器顺序启动控制线路

在图 4-1-3 中，电路采用了时间继电器，属于按时间顺序控制的电路。时间继电器的延时时间可调，即可预置电动机 M1 启动几秒后电动机 M2 再启动。

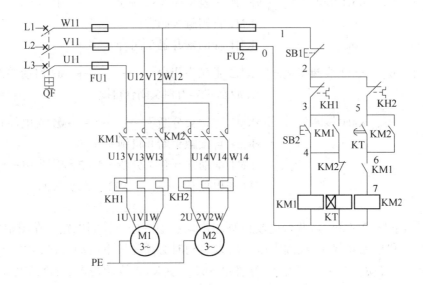

图 4-1-3　时间继电器顺序启动控制电路

工作过程：首先合上电源开关 QF。

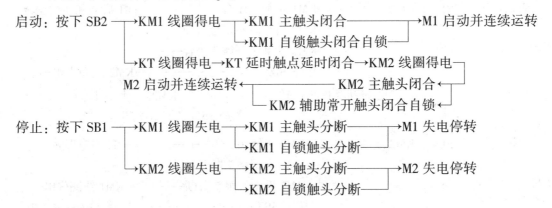

启动：按下 SB2 → KM1 线圈得电 → KM1 主触头闭合 → M1 启动并连续运转
　　　　　　　　　　　　　→ KM1 自锁触头闭合自锁
　　　　　→ KT 线圈得电 → KT 延时触点延时闭合 → KM2 线圈得电
　　　　M2 启动并连续运转 ←　　　　　　　KM2 主触头闭合 ←
　　　　　　　　　　　　　　└ KM2 辅助常开触头闭合自锁 ←

停止：按下 SB1 → KM1 线圈失电 → KM1 主触头分断 → M1 失电停转
　　　　　　　　　　　　　　→ KM1 自锁触头分断
　　　　　　→ KM2 线圈失电 → KM2 主触头分断 → M2 失电停转
　　　　　　　　　　　　　　→ KM2 自锁触头分断

任务实施

一、检查元器件

（1）检查元器件、耗材与表 4-1-1 中的型号是否一致。

（2）检查各元器件是否完整无损，配件是否齐全。

（3）用仪表检查各元器件和电动机的有关技术数据是否符合要求。

表4-1-1 两台电动机的顺序启动控制线路的器材及耗材明细

序号	名称	型号与规格	单位	数量
1	三相笼型异步电动机	YD112M-4/2, 3.3 kW/4 kW、380 V、7.4 A/8.6 A、1 440 r/min 或 2 890 r/min	台	1
2	电源开关	HK1-30，三极、380 V、30 A	个	1
3	熔断器及熔芯配套	RL1-60/20，500 V、60 A、配熔芯25 A	套	3
4	熔断器及熔芯配套	RL1-15/2，500 V、15 A、配熔芯25 A	套	2
5	交流接触器	CJT1-120, 20 A、线圈电压380 V	只	3
6	热继电器	JR16-20/3D，整定电流7.4 A	只	1
7	热继电器	JR16-20/3D，整定电流8.6 A	只	1
8	按钮	LA10-3H 或 LA4-3H	个	3
9	接线端子排	JX2-1015，500 V、10 A、15 节	条	1
10	螺丝、螺母、平垫圈	M4×25 mm 或 M4×15 mm	套	若干
11	塑料软铜线	BVR-2.5 mm², 颜色：黑色或自定	米	若干
12	塑料软铜线	BVR-1 mm², 颜色：黑色或自定	米	若干
13	塑料软铜线	BVR-0.75 mm², 颜色：红色或自定	米	若干
14	塑料软铜线	BVR-1.5 mm², 颜色：黄绿双色	米	若干
15	别径压端子	UT2.5-4, UT1-4	个	若干
16	行线槽	TC3025，长34 cm，两边打ϕ3.5 mm 孔	条	若干
17	异形编码套管	ϕ3.5 mm	米	若干

二、绘制元器件布置图与接线图

绘制元器件布置图（图4-1-4），经教师检查合格后，在控制板上安装元器件。元器件安装应牢固，并符合工艺要求，按布置图在控制板上安装元器件，并贴上醒目的文字符号。请读者自行绘制接线图。

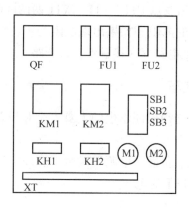

图4-1-4 元器件布置

三、布线

布线时参考接线图，布线应符合平直、整齐、紧贴敷设面、走线合理及接点不得松动等要求。除此之外，本电路的安装布线还要注意如下事项。

（1）交流接触器的自锁触头是辅助常开触头，注意不要接到交流接触器的常闭触头上。

（2）本电路使用了三组按钮，注意区分按钮的常闭触头和常开触头。

四、自检

（一）按电路图或接线图逐段检查

1. 检查主电路

按照电路图或接线图逐段检查，从电源进线端到空开，再到交流接触器和热继电器，最后到电动机。接线要符合上进下出原则，检查相序是否接错，接线是否有露铜过长、交叉等不规范现象。

2. 检查辅助电路

按照电路图或接线图逐段检查，防止常开触头和常闭触头接错，注意检查热继电器的常闭触头及时间继电器的线圈和常开、常闭触头。接线要符合上进下出原则，看接线是否存在露铜过长、交叉等不规范现象。

（二）用万用表检查线路的通断情况

1. 检查辅助电路

断开 FU2，选用万用表电阻挡，两表笔分别连接"0""1"号线，按下启动按钮或者接触器自锁触头，万用表的读数为线圈电阻值。如果万用表的读数为"∞"，说明有断路，表笔逐级下移不断测量直到找到故障点。

2. 检查主电路

主电路的检查一般是在控制电路检查完后进行，主要目的是检查主电路是否存在短路。在检查主电路时由于电动机每相绕组的直流电阻较小（一般在 10 Ω 以下），电阻挡应该选择"×100 Ω"挡。接上电动机后按各接触器的工作顺序按下接触器触头支架模拟接触器工作，同时用万用表测量总开关出线点 U11、V11、W11 两两间的电阻，电阻大小应该相等且为电动机任意两根电源引线间的电阻。如果出现电阻为零，说明主电路出现短路；如果出现电阻较大或为"∞"，说明主电路存在接触不良或开路。

五、连接电源、通电试车

（1）在通电试车过程中，必须保证学生的人身安全和设备的安全，在教师指导下规范操作，学生不得私自通电。

（2）在确认元器件、接线、负载和电源无误后，清理实训工作台上的杂物，告知周围的学生准备试车，在教师的监督下通电。

（3）熟悉操作过程、进行试车。

切断电源后，连接好电动机接线，装好接触器灭弧罩，合上 QF 试车。

电动机 M1、M2 应在按钮的控制下先后得电运行。注意观察有无异常现象、电动机转速是否正常。

（4）当出现故障、需要带电检查时，必须在教师现场监护的情况下进行。检修完毕后，如果需要再次试车，也应该在教师现场监护下进行，并做好时间记录。

（5）通电试车结束后，应先切断电源，再拆除电动机线。

任务总结

本任务的目标是正确理解并掌握两台电动机顺序启动控制线路的安装和调试。为了完成本次任务，需要正确理解和掌握两台电动机顺序启动控制线路的工作原理、控制线路的安装与调试，以及进行通电前的检查和故障排除等。

任务二　三相异步电动机多地控制线路的安装与调试

任务目标

（1）能按图纸、工艺要求、安全规范和设备要求正确完成三相异步电动机多地控制线路的安装、调试。

（2）能对三相异步电动机多地控制线路的故障进行检修。

（3）掌握三相异步电动机多地控制线路的工作原理。

（4）会根据原理图绘制三相异步电动机多地控制电路的安装接线图。

（5）能够识读三相异步电动机多地控制线路。

（6）掌握元器件的检测知识。

任务分析

本任务的目标是完成三相异步电动机多地控制线路的安装与调试。为了完成本次任务，需要解决下面几个问题。

（1）正确理解和掌握三相异步电动机多地控制线路的工作原理。

（2）三相异步电动机多地控制线路的识读和绘制。

（3）三相异步电动机多地控制线路的安装与调试。

（4）能用万用表对控制线路进行通电前的检查。

（5）能用万用表对元器件进行检测。

知识准备

三相异步电动机多地控制线路的工作原理

在两地或多地控制同一台电动机的控制方式，称为电动机的多地控制。

如图 4 - 2 - 1 所示是三相异步电动机两地控制电路，其中 SB11、SB12 为安装在甲地的启动按钮和停止按钮；SB21、SB22 为安装在乙地的启动按钮和停止按钮。

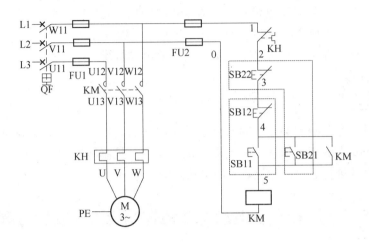

图 4 - 2 - 1　三相异步电动机两地控制电路

三相异步电动机多地控制线路的特点是：两地的启动按钮 SB11、SB21 需要并联，停止按钮 SB12、SB22 需要串联，分别在甲、乙两地启动和停止同一台电动机，操作更方便。

对于三地或多地控制，只要把各地的启动按钮并联、停止按钮串联即可。

三相异步电动机多地控制线路的工作原理如下。

（一）甲地控制

启动：按下 SB11 →KM 线圈得电 ——→ KM 主触头闭合 ——————→ M 启动并连续运转
　　　　　　　　　　　　　　　└→ KM 辅助常开触头闭合自锁 ┘

停止：按下 SB12 →KM 线圈失电 ——→ KM 主触头分断 —————→ M 失电停转
　　　　　　　　　　　　　　　└→ KM 自锁触头分断 ┘

（二）乙地控制

启动：按下 SB21 →KM 线圈得电 ——→ KM 主触头闭合 ——————→ M 启动并连续运转
　　　　　　　　　　　　　　　└→ KM 辅助常开触头闭合自锁 ┘

停止：按下 SB22 →KM 线圈失电 ——→ KM 主触头分断 —————→ M 失电停转
　　　　　　　　　　　　　　　└→ KM 自锁触头分断 ┘

任务实施

一、检查元器件

（1）检查元器件、耗材与表 4 - 2 - 1 中的型号是否一致。

（2）检查各元器件是否完整无损，配件是否齐全。

（3）用仪表检查各元器件和电动机的有关技术数据是否符合要求。

表 4 – 2 – 1　三相异步电动机多地控制线路的元器件及耗材明细

序号	名称	型号与规格	单位	数量
1	三相笼型异步电动机	YD112M – 4/2，3.3 kW/4 kW、380 V、7.4 A/8.6 A、1 440 r/min 或 2 890 r/min	台	1
2	电源开关	HK1 – 30，三极、380 V、30 A	个	1
3	熔断器及熔芯配套	RL1 – 60/20，500 V、60 A、配熔芯 25 A	套	3
4	熔断器及熔芯配套	RL1 – 15/2，500 V、15 A、配熔芯 25 A	套	2
5	交流接触器	CJT1 – 120，20 A、线圈电压 380 V	只	1
6	热继电器	JR16 – 20/3D，整定电流 8.6 A	只	1
7	按钮	LA10 – 3H 或 LA4 – 3H	个	3
8	接线端子排	JX2 – 1015，500 V、10 A、15 节	条	1
9	螺丝、螺母、平垫圈	M4 × 25 mm 或 M4 × 15 mm	套	若干
10	塑料软铜线	BVR – 2.5 mm²，颜色：黑色或自定	米	若干
11	塑料软铜线	BVR – 1 mm²，颜色：黑色或自定	米	若干
12	塑料软铜线	BVR – 0.75 mm²，颜色：红色或自定	米	若干
13	塑料软铜线	BVR – 1.5 mm²，颜色：黄绿双色	米	若干
14	别径压端子	UT2.5 – 4，UT1 – 4	个	若干
15	行线槽	TC3025，长 34 cm，两边打 φ3.5 mm 孔	条	若干
16	异形编码套管	φ3.5 mm	米	若干

二、绘制元器件布置图与接线图

元器件的布置如图 4 – 2 – 2 所示，请读者自行绘制接线图。

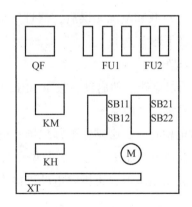

图 4 – 2 – 2　元器件的布置

三、布线

布线应符合平直、整齐、紧贴敷设面、走线合理及接点不得松动等要求。除此之外，本电路的安装布线还要注意如下事项。

（1）接线时，注意主电路中断路器 QF、接触器 KM、热继电器 KH、电动机 M 的相序，不能接错，上进下出，不要有露铜过长或者压导线绝缘层现象。

（2）主电路、控制电路都要注意避免短路，否则运转时会造成电源短路事故。

（3）注意区分热继电器的常闭触头和常开触头，接线时容易弄混。

四、自检

（一）按电路图或接线图逐段检查

检查方法参考本项目任务一中的检查方法。

（二）用万用表检查线路的通断情况

1. 检查主电路

断开 FU2，切断辅助电路，万用表的两表笔分别接 U11、V11 和 W11 端子，测量相间电阻值，未操作前应测得断路；按下 KM 的触头架，应测得电动机一相绕组的直流电阻值。

2. 检查辅助电路

断开 FU2，选用万用表电阻挡，两表笔分别连接 "0" "1" 号线，按下启动按钮或者接触器自锁触头，应测得几百欧姆的线圈阻值。如果测到读数为 "∞"，说明有断路，表笔逐级下移不断测量直到找到故障点。

五、连接电源、通电试车

（1）在通电试车过程中，必须保证学生的人身安全和设备的安全，在教师指导下规范操作，学生不得私自通电。

（2）在确认元器件、接线、负载和电源无误后，清理实训工作台上的杂物，告知周围的学生准备试车，在教师的监督下通电。

（3）熟悉操作过程、进行试车。

按下 SB11 或者 SB21，电动机应能立即启动；按下 SB12 或者 SB22，电动机迅速停转。在试车过程中注意观察，如有异常，立即停车。

（4）当出现故障、需要带电检查时，必须在教师现场监护的情况下进行。检修完毕后，如果需要再次试车，也应该在教师现场监护下进行，并做好时间记录。

（5）通电试车结束后，应先切断电源，再拆除电动机接线。

任务总结

通过本次任务我们掌握了三相异步电动机多地控制线路的正确安装和调试方法，以及三相异步电动机多地控制线路的工作原理。

项目评价

两台电动机顺序启动控制线路的考核评价表

评分内容	配分/分	重点检查内容	分项配分/分	详细配分	扣分	得分
元器件安装	15	按电气原理图选接元器件	7	选错扣1分/个		
		元器件检测	8	检测误判，扣1分/个		
电路连接	35	使用导线（颜色、线径）	2	每种导线0.5分		
		导线连接是否牢靠、正确	20	松动、接错、漏接扣0.5分/处		
		端子规范（端子压实、无毛刺，铜丝不能裸露太长，无剪断铜丝）	3	每个端子0.1分		
		号码管（线号、方向）	3	每个号码管0.15分		
		走线排列	4	走线应整齐美观，走线错位、交叉不整齐扣0.2分/处		
		保护接地	3	电源及电动机各处接地，少接一处扣1分		
电路调试	35	功能叙述	5	能主动叙述控制要求		
		仪表使用	5	熟练使用万用表进行上电前检测		
		电源功能正确	5	电源上电正常		
		控制电路功能正确	10	控制电路接触器控制正确，错一处扣5分		
		主电路功能正确	10	电动机控制正确，错一处扣5分		
职业素养和安全意识	15	上电短路或故意损坏设备	15	扣10分		
		违反操作规程		每次扣2分		
		劳动保护用品未穿戴		扣3分		

注：若发生重大安全事故，本次总成绩记为零分。

巩固练习

1. 要求几台电动机的启动或停止必须按一定的_____来完成的控制方式叫作电动机的顺序控制，三相异步电动机可在_____或_____实现顺序控制。

2. 主电路实现顺序控制的特点是：后启动电动机的主电路必须接在先启动电动机_____的下方。

3. 控制电路实现顺序控制的特点是：后启动电动机的控制电路必须_____在先启动电动机接触器自锁触头之后，或者在后启动电动机的控制电路中串联先启动电动机接触器的_____。

4. 能在_____或_____控制同一台电动机的控制方式叫作电动机的多地控制，其线路上各地的启动按钮要_____，停止按钮要_____。

5. 在生产实践中哪些设备应用了顺序控制电路？

6. 在生产实践中哪些设备应用了异地控制电路？

7. 试画出两台电动机 M1、M2 的顺序启动、逆序停止的电气控制线路，并叙述其工作原理。

8. 试画出能在两地控制同一台电动机的点动控制线路的电路图。

项目五　三相异步电动机降压启动控制线路的安装与调试

 项目需求

　　三相异步电动机目前仍为生产机械的主要动力源,它广泛应用于各行各业的生产设备中。三相笼型异步电动机直接启动控制线路简单、经济、操作方便,但三相笼型异步电动机直接启动时的启动电流可达电动机额定电流的 4~7 倍,当电动机容量较大(超过 10 kW)时,不宜采用直接启动方式,一般应采用降压启动方式。

　　三相笼型异步电动机常见的降压启动方式有定子绕组串电阻降压启动、自耦变压器(补偿器)降压启动、Y - △换接降压启动、延边三角形降压启动等。本项目的任务就是学习定子绕组串电阻降压启动、自耦变压器降压启动、Y - △换接降压启动控制线路的安装与调试。

 项目工作场景

　　工作环境:电气、消防、卫生等符合实训安全要求的电工实训室,且具有投影仪等多媒体教学设备。

　　配套设备:电气安装与维修实训平台。

　　仪器仪表:每人配备电工常用工具一套(尖嘴钳一把,一字、十字螺丝刀各一把)、万用表一块、兆欧表一块。

　　元器件及耗材:按电路安装元器件清单配备所需的元器件和耗材。

　　着装要求:穿工作服、穿绝缘胶鞋、戴胸牌。

 方案设计

　　本项目以三相异步电动机降压启动控制线路的安装与调试为载体,配备电气安装与维修实训平台展开教学。结合本项目的知识点和技能点,将项目分解为定子绕组串电阻降压启动、自耦变压器降压启动、Y - △换接降压启动三个典型任务。本项目还包含时间继电器、自耦变压器的介绍,以及各降压启动控制线路工作原理的介绍。通过具体的线路安装与调试,使读者快速掌握电气控制线路的工作原理、安装、调试以及安装工艺规范。

相关知识和技能

知识点：

（1）时间继电器的结构、符号、功能、选用方法。
（2）手动切换定子绕组串电阻降压启动控制线路的组成、工作原理。
（3）自动切换定子绕组串电阻降压启动控制线路的组成、工作原理。
（4）自耦变压器降压启动控制线路的组成、工作原理。
（5）Y－△换接降压启动控制线路的组成、工作原理。
（6）时间继电器和自耦变压器元器件的安装、布线工艺规范。

技能点：

（1）时间继电器的识别及安装。
（2）自动切换定子绕组串电阻降压启动控制线路的安装与调试。
（3）自耦变压器降压启动控制线路的安装与调试。
（4）Y－△换接降压启动控制线路的安装与调试。

任务一　定子绕组串电阻降压启动控制线路的安装与调试

任务目标

（1）了解时间继电器的结构，掌握时间继电器的图形、文字符号及使用方法。
（2）能正确理解定子绕组串电阻降压启动控制线路的工作原理。
（3）能识读线路的原理图，能绘制其布置图和接线图。
（4）正确安装定子绕组串电阻降压启动控制线路，安装、布线技术符合安装工艺规范。
（5）能够调试、检修定子绕组串电阻降压启动控制线路。

任务分析

　　三相异步电动机定子绕组串电阻通常有两种控制方法，即手动切除电阻和按时间原则自动切除电阻。这两种控制方法的设计思路是一致的，只是在降压启动和全压运行的切换上有区别，前者是手动切换，后者是采用时间继电器延时后自动切换。对这些线路进行分析、安装、调试的具体要求如下。
　　（1）掌握时间继电器必备知识。
　　（2）理解、掌握定子绕组串电阻降压启动控制线路的组成与工作原理。
　　（3）检测元器件的质量、核对元器件的数量。
　　（4）在规定时间内，正确、熟练安装，准确、安全地连接电源，进行通车试验。
　　（5）正确使用仪器仪表，安装、布线技术符合工艺要求。
　　（6）做到安全操作、文明生产。

知识准备

一、时间继电器概述

在接收或除去输入信号后经过一段时间执行机构才动作的继电器称为时间继电器。时间继电器是一种利用电磁原理或机械动作原理实现触点延时接通或断开的自动控制电器，在控制电路中用于时间控制。时间继电器的种类很多，按其动作原理和构造，可分为电磁式、空气阻尼式、电动式和晶体管式等；按延时方式，可分为通电延时型和断电延时型。在早期的机电设备电气控制线路中应用较多的是空气阻尼式时间继电器，近年来晶体管式时间继电器得到了越来越广泛的应用。

如图 5-1-1（a）所示为空气阻尼式时间继电器，如图 5-1-1（b）所示为晶体管式时间继电器。通电延时型和断电延时型时间继电器的图形符号如图 5-1-2 所示，文字符号为 KT。

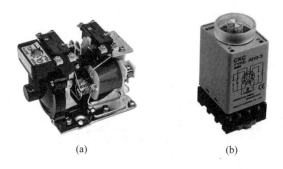

(a)　　　　　　　　　　　　　　　(b)

图 5-1-1　常见的时间继电器

（a）空气阻尼式时间继电器；（b）晶体管式时间继电器

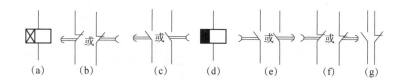

(a)　　　(b)　　　　　(c)　　　(d)　　　　(e)　　　　(f)　　　　(g)

图 5-1-2　通电延时型和断电延时型时间继电器的图形符号

（a）通电延时型继电器线圈；（b）延时断开的动断触点；（c）延时闭合的动合触点；（d）断电延时型继电器线圈；
（e）延时断开的动合触点；（f）延时闭合的动断触点；（g）普通动合、动断触点

选用时间继电器要考虑以下几个方面。

（1）延时方式的选择。时间继电器有通电延时型和断电延时型两种，应根据控制电路的要求选用。动作后复位时间要比固有动作时间长，以免产生误动作，甚至不延时，这在反复延时电路和操作频繁的场合尤为重要。

（2）类型选择。对延时精度要求不高的场合一般采用价格较低的电磁式或空气阻尼式时间继电器；反之，对延时精度要求较高的场合可采用电子式时间继电器。

（3）线圈电压的选择。根据控制电路电压选择时间继电器吸引线圈的电压。

（4）电源参数变化的选择。在电源电压波动大的场合，采用空气阻尼式或电动式时间

继电器比采用晶体管式时间继电器好；而在电源频率波动大的场合，不宜采用电动式时间继电器；在温度变化较大的场合，则不宜采用空气阻尼式时间继电器。

二、常见的定子绕组串电阻降压启动控制的原理分析与对比

启动时，在电动机定子绕组中串入降压电阻 R，当电动机转速达到一定数值时，切除串入的电阻，实现降压启动、额定运行，这种方式称为串电阻降压启动。

（一）串电阻降压启动的手动切换控制电路分析

如图 5－1－3 所示为三相异步电动机定子绕组串电阻降压启动的手动切换控制电路。该电路的工作过程如下。

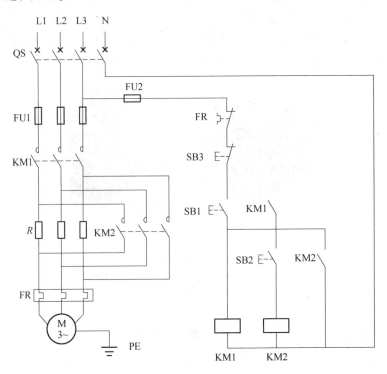

图 5－1－3　三相异步电动机定子绕组串电阻降压启动的手动切换控制电路

1. 降压启动

按下 SB1→KM1 线圈得电——→KM1 主触头闭合——→电动机 M 低压运转
　　　　　　　　　　　└→KM1 辅助常开触头闭合——→自锁
　　　　　　　　　　　　　　　　　　　　　　　　└→为 KM2 接通作准备

2. 全压运行

按下 SB2→KM2 线圈得电——→KM2 主触头闭合→电阻 R 被短接，电动机全压运行
　　　　　　　　　　　└→KM2 辅助常开触头闭合自锁

3. 停止

按下 SB3 按钮，电动机即可停转。

说明：该电路原理简单，但启动、运行分两步操作，不够方便。

（二）串电阻降压启动的自动控制电路分析

时间继电器自动控制电路如图 5－1－4 所示。这个电路用时间继电器 KT 的延时作用，实现了电动机从降压启动到全压运行的自动控制。只要调整好时间继电器 KT 的动作时间，电动机就能准确、可靠地由启动过程切换成运行过程。

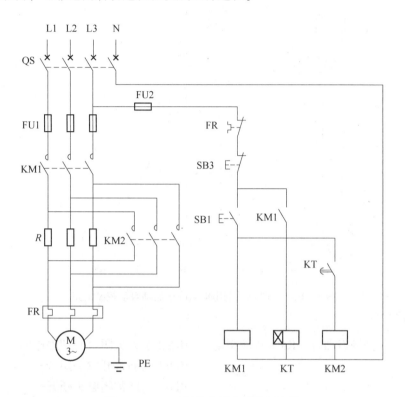

图 5－1－4　时间继电器自动控制电路

由图 5－1－4 可知，当电动机全压运行时，接触器 KM1 和 KM2 以及时间继电器 KT 的线圈均需要长时间通电工作，使能耗增加、电器寿命缩短。

（三）改进后的串电阻降压启动的自动控制电路分析

为了消除上述控制电路出现的弊端，可以对主电路进行如图 5－1－5 所示的改进，使 KM2 的主触头不直接并接在 R 的两端，而是把 KM1 主触头也一起并接进去，这样接触器 KM1 和时间继电器 KT 就只需要作短时间内降压启动用，待电动机全压运行后就全部从线路中切除，从而延长了接触器 KM1 和时间继电器 KT 的使用寿命，节省了电能，提高了电路的可靠性。

图 5－1－5 所示电路的工作过程如下。

1. 降压启动

按下 SB1→KM1 线圈得电 ──→KM1 主触头闭合 ──→电动机 M 低压运转

　　　　　　　　　　└─→KM1 辅助常开触头闭合──→自锁

　　　　　　　　　　　　　　　　　　　　└→KT 线圈接通计时

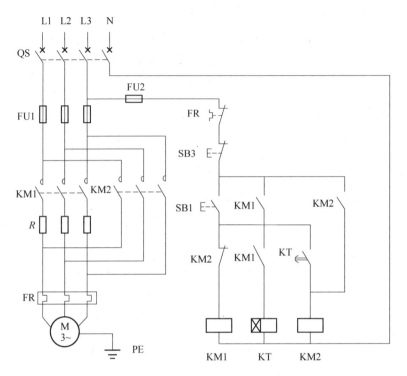

图 5 - 1 - 5　改进后的串电阻降压启动自动控制电路

2. 全压运行

KT 延时闭合触点动合→KM2 线圈得电┬→KM2 主触头闭合→切除电阻全压运行

　　　　　　　　　　　　　　　├→KM2 辅助常开触头闭合→自锁

　　　　　　　　　　　　　　　└→KM2 辅助常闭触头断开───────┐

KT 线圈断开，停止工作←KM1 主、辅触头断开，停止工作←KM1 线圈断电←┘

3. 停止

按下 SB2 按钮，电动机即可停转。

任务实施

一、检查元器件

（1）检查元器件、耗材与表 5 - 1 - 1 中的型号是否一致。

（2）检查各元器件是否合格，附件、备件是否齐全。

表 5 - 1 - 1　时间继电器控制的串电阻降压启动相关元器件及耗材明细

序号	名称	型号与规格	单位	数量
1	三相笼型异步电动机	YD112M - 4/2，3. 3 kW/4 kW、380 V、7. 4 A/8. 6 A、额定△形接法、1 440 r/min	台	1

序号	名称	型号与规格	单位	数量
2	电源开关	HK1 – 30，四极、380 V、30 A	个	1
3	熔断器及熔芯配套	RL1 – 60/20，500 V、60 A、配熔芯 25 A	套	3
4	熔断器及熔芯配套	RL1 – 15/2，500 V、15 A、配熔芯 25 A	套	1
5	交流接触器	CJT1 – 120，20 A、线圈电压 220 V	只	2
6	时间继电器	JS7 – 2A，线圈电压 220 V	只	1
7	热继电器	JR16 – 20/3D，整定电流 7.4 A	只	1
8	按钮	LA10 – 3H 或 LA4 – 3H	个	2
9	接线端子排	JX2 – 1015，500 V、10 A、15 节	条	1
10	螺丝、螺母、平垫圈	M4×25 mm 或 M4×15 mm	套	若干
11	塑料软铜线	BVR – 2.5 mm²，颜色：黑色或自定	米	若干
12	塑料软铜线	BVR – 0.75 mm²，颜色：红色或自定	米	若干
13	塑料软铜线	BVR – 1.5 mm²，颜色：黄绿双色	米	若干
14	别径压端子	UT2.5 – 4，UT1 – 4	个	若干
15	行线槽	TC3025，长 34 cm，两边打 ϕ3.5 mm 孔	条	若干
16	异形编码套管	ϕ3.5 mm	米	若干

二、分析绘制元器件布置图

对照实训工位现有电气控制基板绘制元器件布置图，经教师检查合格后，在控制板上安装元器件，如图 5 – 1 – 6 所示。元器件应安装牢固，并符合工艺要求。请读者自行绘制接线图。

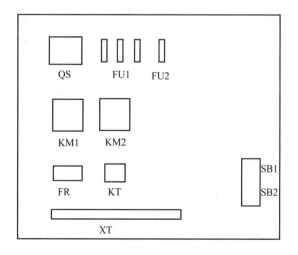

图 5 – 1 – 6　时间继电器自动切换的串电阻降压启动控制线路的元器件布置

三、布线

布线时，应按照电气安装与维修工艺规范进行操作。

四、自检

用万用表进行检查时，应选用电阻挡的适当倍率，并进行校零，以防错漏短路故障。

（1）检查控制电路时，可将表笔搭在"L3"和"N"上，读数应为"∞"；按下启动按钮 SB1 时，读数应为接触器线圈的直流电阻值。

（2）检查主电路时，可以用手动来代替接触器受电线圈励磁吸合时的情况进行检查。

五、连接电源、通电试车

（1）在通电试车过程中，必须保证学生的人身安全和设备的安全，在教师指导下规范操作，学生不得私自通电。

（2）在确认元器件、接线、负载和电源无误后，清理实训工作台上的杂物，告知周围的学生准备试车，在教师的监督下通电。

（3）熟悉操作过程、进行试车。

①合上电源开关 QS，不得带电检查线路接线是否正确。

②第一次按下按钮时应短时点动，以观察线路和电动机运行有无异常现象。

（4）当出现故障、需要带电检查时，必须在教师现场监护的情况下进行。检修完毕后，如果需要再次试车，也应该在教师现场监护下进行，并做好时间记录。

（5）通电试车结束后，应先切断电源，再拆除电动机线。

任务总结

本任务主要介绍了三相笼型异步电动机定子绕组串电阻降压启动常见电路的对比分析，以及在自动切换降压启动电路中引入了时间继电器的相关知识。通过学习改进后的定子绕组串电阻自动切换电路的安装与调试，使读者能充分认识本次学习任务的内容、提高自身的动手操作技能。

任务二　自耦变压器降压启动控制线路的安装与调试

任务目标

（1）了解自耦变压器的结构及使用方法。

（2）能正确理解自耦变压器降压启动控制线路的工作原理。

（3）能绘制自耦变压器降压启动控制的布置图、接线图。

（4）正确安装自耦变压器降压启动控制线路，安装、布线技术符合安装工艺规范。

（5）能够调试、检修自耦变压器降压启动控制线路。

任务分析

当电动机采用定子绕组串电阻降压启动时，启动转矩损失过大，因此这种方法的应用受到了一定的限制。当电动机采用自耦变压器降压启动时，由于用于电动机启动的自耦变压器通常有三个不同的中间抽头（匝数比一般为65%、73%和85%），使用不同的中间抽头可以获得不同的限流效果和启动转矩等级，因此有较大的选择余地。在理解了电气原理的基础上，我们再进行如下操作。

（1）检测元器件的质量、核对元器件的数量。

（2）在规定时间内，正确、熟练安装，准确、安全地连接电源，进行通车试验。

（3）正确使用仪器仪表，安装、布线技术符合工艺要求。

（4）做到安全操作、文明生产。

知识准备

一、自耦变压器概述

在一个闭合的铁芯上绕两个或以上的线圈，当一个线圈（初级线圈）接通交流电源时，线圈中流过交变电流，这个交变电流在铁芯中产生交变磁场，交变主磁通在初级线圈中产生自身感应电动势，同时在另一个线圈（次级线圈）中感应互感电动势。通过改变初、次级线圈的匝数比来改变初、次级线圈端电压，从而实现电压的交变。

如图5-2-1所示是自耦变压器，初级和次级线圈共用一个绕组，即共用一根零线，其变压比有固定和可调两种。自耦变压器降压启动控制电路目前已有定型产品，称为自耦减压启动器（或补偿器）。自耦减压启动器有手动和自动两种，本次任务主要分析自动补偿器控制电路。

图5-2-1 自耦变压器

二、自耦变压器降压启动控制的原理分析

XJ01 系列自动启动补偿器是目前常用的自动控制启动补偿器，适用于交流电压为 380 V、功率为 14 ~ 300 kW 的三相鼠笼式异步电动机的降压启动。如图 5 - 2 - 2 所示是自耦变压器降压启动控制电路，图中 KM1 为降压启动接触器，KM2 为正常运行的接触器，KA 为中间继电器。

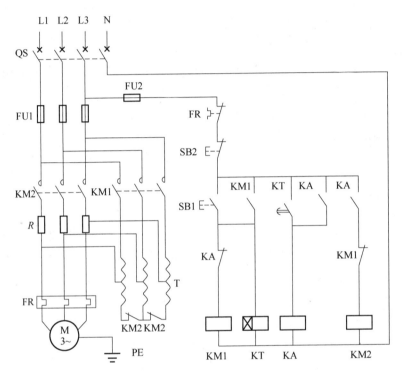

图 5 - 2 - 2　自耦变压器降压启动控制电路

自耦变压器降压启动控制电路的工作过程如下。

（一）启动

按下 SB1 → KM1 线圈得电 → KM1 主触头闭合 → 自耦变压器接入，降压启动
→ KM1 辅助常开触头闭合自锁
→ KT 线圈得电延时 → KT 常开延时闭合触点闭合 → KA 线圈得电
KM1 主触头断开 ← 断开 KM1、KT 线圈 ← KA 常闭触点断开
→ KM2 主触头接通 ← 自锁并接通 KM2 线圈 ← KA 常开触点闭合
→ KM2 辅助常闭触头断开
→ 自耦变压器切除并进入全压运行

（二）停止

按下停止按钮 SB2，KM2 线圈断电，所有触头恢复，电动机断电停止。

说明：*该电路的优点：通过选择不同次级的抽头可获得不同的启动转矩等级，应用灵*

活。该电路的缺点：设备体积大，成本较高。

任务实施

一、检查元器件

（1）检查元器件、耗材与表 5-2-1 中的型号是否一致。

（2）检查各元器件是否合格，附件、备件是否齐全。

表 5-2-1　自耦变压器降压启动相关元器件及耗材

序号	名称	型号与规格	单位	数量
1	三相笼型异步电动机	YD112M-4/2，3.3 kW/4 kW、380 V、7.4 A/8.6 A、额定△形接法、1 440 r/min 或 2 890 r/min	台	1
2	电源开关	HK1-30，四极、380 V、30 A	个	1
3	熔断器及熔芯配套	RL1-60/20，500 V、60 A，配熔芯 25 A	套	3
4	熔断器及熔芯配套	RL1-15/2，500 V、15 A，配熔芯 25 A	套	1
5	交流接触器	CJT1-120，20 A、线圈电压 220 V	只	2
6	时间继电器	JS7-2A，线圈电压 220 V	只	1
7	热继电器	JR16-20/3D，整定电流 7.4 A	只	1
8	中间继电器	QX-13F，线圈电压 220 V	只	1
9	按钮	LA10-3H 或 LA4-3H	个	2
10	接线端子排	JX2-1015，500 V、10 A、15 节	条	1
11	螺丝、螺母、平垫圈	M4×25 mm 或 M4×15 mm	套	若干
12	自耦变压器	XJ01	套	若干
13	塑料软铜线	BVR-2.5 mm²，颜色：黑色或自定	米	若干
14	塑料软铜线	BVR-0.75 mm²，颜色：红色或自定	米	若干
15	塑料软铜线	BVR-1.5 mm²，颜色：黄绿双色	米	若干
16	别径压端子	UT2.5-4，UT1-4	个	若干
17	行线槽	TC3025，长 34 cm，两边打 φ3.5 mm 孔	条	若干
18	异形编码套管	φ3.5 mm	米	若干

二、分析绘制元器件布置图

对照实训工位现有电气控制基板绘制元器件布置图，经教师检查合格后，在控制板上安装元器件，如图 5-2-3 所示。元器件应安装牢固，并符合工艺要求。

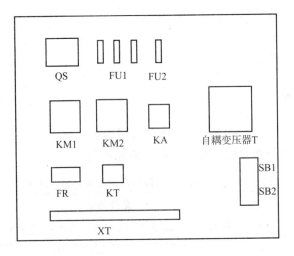

图 5 – 2 – 3　自耦变压器降压启动控制的元器件布置

三、布线

布线时，应按照电气安装与维修工艺规范进行操作。除此之外，本电路安装接线时还要注意自耦变压器初级接线端、次级接线端以及中间抽头接线端的判别与正确连接。

四、自检

用万用表进行检查时，应选用电阻挡的适当倍率，并进行校零，以防错漏短路故障。

（1）检查控制电路时，可将表笔搭在"L3"和"N"上，读数应为"∞"，按下启动按钮 SB1 时读数应为接触器线圈的直流电阻值。

（2）检查主电路时，结合手动操作接触器触点系统动作，先用万用表电阻挡检查有无相间短路情况，然后检查每相线路的通断情况。

五、连接电源、通电试车

（1）在通电试车过程中，必须保证学生的人身安全和设备的安全，在教师指导下规范操作，学生不得私自通电。

（2）在确认元器件、接线、负载和电源无误后，清理实训工作台上的杂物，告知周围的学生准备试车，在教师的监督下通电。

（3）熟悉操作过程、进行试车。

①合上电源开关 QS，不得带电检查线路接线是否正确。

②第一次按下按钮时应短时点动，以观察线路和电动机运行有无异常现象。

③依次观察 KM1、KT、KA、KM2 线圈的通电吸合情况，观察整个动作过程是否与控制要求相符。

（4）当出现故障、需要带电检查时，必须在教师现场监护的情况下进行。检修完毕后，如果需要再次试车，也应该在教师现场监护下进行，并做好时间记录。

（5）通电试车结束后，应先切断电源，再拆除电动机线。

任务总结

本任务主要介绍了三相笼型异步电动机自耦变压器降压启动控制线路的工作原理，在此过程中介绍了自耦变压器的工作原理。通过自动切换自耦变压器降压启动控制线路的安装与调试，使读者充分认识本次学习任务的内容、提高自身的动手操作技能。

任务三　Y – △换接降压启动控制线路的安装与调试

任务目标

（1）能正确理解 Y – △换接降压启动控制线路的工作原理。

（2）能正确识读原理图、布置图、接线图。

（3）正确安装 Y – △换接降压启动控制线路，安装、布线技术符合安装工艺规范。

（4）能够调试、检修 Y – △换接降压启动控制线路。

任务分析

Y – △换接降压启动是一种较为常见的降压启动方式，在开始此项技能任务操作前，我们必须熟练掌握此电路的工作原理，然后进行如下操作。

（1）检测元器件的质量、核对元器件的数量。

（2）在规定时间内，正确、熟练安装，准确、安全地连接电源，进行通车试验。

（3）正确使用仪器仪表，安装、布线技术符合工艺要求。

（4）做到安全操作、文明生产。

知识准备

一、Y – △换接降压启动控制的原理分析

Y – △换接降压启动是指电动机启动时把定子绕组接成 Y 形，以降低启动电压、限制启动电流，待电动机启动后再把定子绕组改接成△形，使电动机全压运行。凡是在正常运行时定子绕组作为△形连接的异步电动机，均可采用这种降压启动方法。

电动机启动时定子绕组接成 Y 形，加在每相定子绕组上的启动电压只有△形接法的 $1/\sqrt{3}$，启动电流为△形接法的 1/3，启动转矩也只有△形接法的 1/3。这种降压启动方法只适用于轻载或空载下电动机的启动。

时间继电器自动控制 Y – △换接降压启动的电路如图 5 – 3 – 1 所示。该电路由三个接触器、一个热继电器、一个时间继电器和两个按钮组成，时间继电器 KT 用于控制 Y 形降压启动时间和完成 Y – △自动切换。

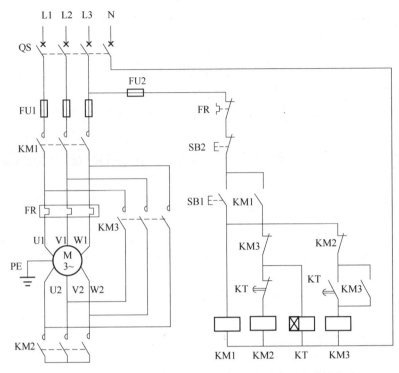

图 5 – 3 – 1　时间继电器自动控制 Y – △换接降压启动的电路

二、Y – △换接降压启动控制电路的工作过程

(一) 启动

按下 SB1 ┬→ KM1、KM2 线圈得电 ┬→ KM1、KM2 主触头闭合→电动机 Y 形降压启动
　　　　　│　　　　　　　　　　└→ KM1 辅助常开触头闭合自锁
　　　　　└→ KT 线圈得电延时 ┬→ KT 常闭触点断开→KM2 线圈断电，主触头复位 ┐
　　　　　　　　　　　　　　　└→ KT 常开触点闭合→KM3 线圈接通，主触头闭合 ┘
　　　　　　　　　　　　　　　　　　电动机切换成△形全压运行 ◄──────

(二) 停止

按下停止按钮 SB2，所有线圈断电、触点复位、电动机停止运行。

在此需要说明的是，KM2 和 KM3 实现电器互锁的目的是避免 KM2 和 KM3 同时通电吸合而造成严重短路事故。另外，在△形连接的电动机中作过载保护的热继电器的热元件最好要与相绕组串联，使电动机工作过程中的过载保护更加可靠。

任务实施

一、检查元器件

(1) 检查元器件、耗材与表 5 – 3 – 1 中的型号是否一致。

(2) 检查各元器件是否合格，附件、备件是否齐全。

表 5 - 3 - 1　Y - △换接降压启动控制线路的相关元器件及耗材明细

序号	名称	型号与规格	单位	数量
1	三相笼型异步电动机	YD112M - 4/2，3.3 kW/4 kW、380 V、7.4 A/8.6 A、额定△形接法、1 440 r/min	台	1
2	电源开关	HK1 - 30 四极、380 V、30 A	个	1
3	熔断器及熔芯配套	RL1 - 60/20，500 V、60 A、配熔芯 25 A	套	3
4	熔断器及熔芯配套	RL1 - 15/2，500 V、15 A、配熔芯 25 A	套	1
5	交流接触器	CJT1 - 120，20 A、线圈电压 220 V	只	3
6	时间继电器	JS7 - 2A，线圈电压 220 V	只	1
7	热继电器	JR16 - 20/3D，整定电流 7.4 A	只	1
8	按钮	LA10 - 3H 或 LA4 - 3H	个	2
9	接线端子排	JX2 - 1015，500 V、10 A、15 节	条	1
10	螺丝、螺母、平垫圈	M4 × 25 mm 或 M4 × 15 mm	套	若干
11	塑料软铜线	BVR - 2.5 mm²，颜色：黑色或自定	米	若干
12	塑料软铜线	BVR - 0.75 mm²，颜色：红色或自定	米	若干
13	塑料软铜线	BVR - 1.5 mm²，颜色：黄绿双色	米	若干
14	别径压端子	UT2.5 - 4，UT1 - 4	个	若干
15	行线槽	TC3025，长 34 cm，两边打 φ3.5 mm 孔	条	若干
16	异形编码套管	φ3.5 mm	米	若干

二、分析绘制元器件布置图

对照实训工位现有电气控制基板绘制元器件布置图，经教师检查合格后，在控制板上安装元器件，如图 5 - 3 - 2 所示。元器件应安装牢固，并符合工艺要求。

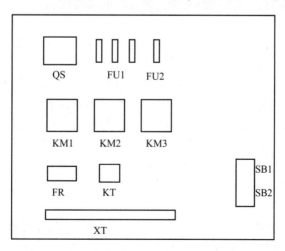

图 5 - 3 - 2　Y - △换接降压启动控制的元器件布置

三、布线

布线时，应按照电气安装与维修工艺规范进行操作。除此之外，本电路安装接线时还要注意控制电路中 KM2 与 KM3 线圈回路的电气互锁、电动机六个接线端的正确识别与接线。

四、自检

用万用表进行检查时，应选用电阻挡的适当倍率，并进行校零，以防错漏短路故障。

（1）检查控制电路时，可将表笔搭在"L3"和"N"上，读数应为"∞"，按下启动按钮 SB1 时读数应为接触器线圈的直流电阻阻值。

（2）检查主电路时，可以手动来代替接触器受电线圈励磁吸合时的情况进行有无相间短路及每相是否为通路的检查。

五、连接电源、通电试车

（1）在通电试车过程中，必须保证学生的人身安全和设备的安全，在教师指导下规范操作，学生不得私自通电。

（2）在确认元器件、接线、负载和电源无误后，清理实训工作台上的杂物，告知周围的学生准备试车，在教师的监督下通电。

（3）熟悉操作过程、进行试车。

①合上电源开关 QS，不得带电检查线路接线是否正确。

②第一次按下按钮时应短时点动，以观察线路和电动机运行有无异常现象。

③按下启动按钮，观察电动机的启动情况，5~10 s 后 KM_Y 失电断开，$KM_△$ 得电吸合，电动机全压运行。

（4）当出现故障、需要带电检查时，必须在教师现场监护的情况下进行。检修完毕后，如果需要再次试车，也应该在教师现场监护下进行，并做好时间记录。

（5）通电试车结束后，应先切断电源，再拆除电动机线。

任务总结

Y - △换接降压启动是降压启动中较常见的一种，本任务主要介绍了三相笼型异步电动机 Y - △换接降压启动控制线路的工作原理，以及 Y 形绕组和△形绕组的接法、运行特点等内容。通过 Y - △换接降压启动控制线路的安装与调试，使读者充分认识本次学习任务的内容、提高自身的动手操作技能。

项目总结

三相笼型异步电动机在功率超过 10 kW 时，必须采用降压启动。通过本项目的学习，我们了解了常见的定子绕组串电阻降压启动、自耦变压器降压启动、Y - △换接降压启动控制线路的工作原理，并且学习了时间继电器的原理与应用，对照原理图进行了定子绕组串电阻、自耦变压器、Y－△换接降压启动控制线路的安装与调试。通过本项目的学习，会丰富我们的理论知识、提高动手能力。

注意：由于电动机的电磁转矩与端电压的平方成正比，降压启动时会使启动转矩减小，所以降压启动一般适用于空载或轻载电动机的启动。

项目评价

Y－△降压启动控制线路的考核评价表

评分内容	配分/分	重点检查内容	分项配分/分	详细配分	扣分	得分
元器件安装	15	按电气原理图选接元器件	7	选错扣 1 分/个		
		元器件检测	8	检测误判扣 1 分/个		
电路连接	35	使用导线（颜色、线径）	2	每种导线 0.5 分		
		导线连接是否牢靠、正确	20	松动、接错、漏接扣 0.5 分/处		
		端子规范（端子压实、无毛刺，铜丝不能裸露太长，无剪断铜丝）	3	每个端子 0.1 分		
		号码管（线号、方向）	3	每个号码管 0.15 分		
		走线排列	4	走线应整齐美观，走线错位、交叉不整齐扣 0.2 分/处		
		保护接地	3	电源及电动机各处接地，少接一处扣 1 分		
电路调试	35	功能叙述	5	能主动叙述控制要求		
		仪表使用	5	熟练使用万用表进行上电前检测		
		电源功能正确	5	电源上电正常		
		控制电路功能正确	10	控制电路接触器控制正确，错一处扣 5 分		
		主电路功能正确	10	电动机控制正确，错一处扣 5 分		
职业素养和安全意识	15	上电短路或故意损坏设备	15	扣 10 分		
		违反操作规程		每次扣 2 分		
		劳动保护用品未穿戴		扣 3 分		

注：若发生重大安全事故，本次总成绩记为零分。

巩固练习

1. 启动时，在电动机定子绕组中串联降压电阻 R，当电动机转速达到一定数值时，切除串联的电阻，实现降压启动、额定运行，这种方式称为_____。

2. 时间继电器的种类很多，有电磁式、电动式、_____和晶体管式等。

3. 三相笼型异步电动机常用的降压启动方式有＿＿＿＿＿、＿＿＿＿＿、＿＿＿＿＿等。

4. 目前三相异步电动机的功率在 4 kW 以下的绕组一般采用 Y 形接法，功率在 4 kW 以上的一律采用＿＿＿＿＿。

5. 三相对称电源连接方式称为 Y 形连接。已知线电压的有效值为 380 V，则相电压的有效值为＿＿＿＿＿。

6. 什么是降压启动？

7. 采用 Y–△换接降压启动对三相笼型异步电动机有何要求？

8. Y–△换接降压启动控制电路中的一对互锁触头有何作用？若取消这对触头对启动有何影响，可能会出现什么后果？

9. 三相笼型异步电动机降压启动常用的方法有哪些？各有何特点？

项目六 三相异步电动机制动控制线路的安装与调试

 项目需求

三相异步电动机断开电源后，由于惯性作用不会马上停止转动，而需要继续转动一段时间才能完全停下来，这是自然停车。而某些生产工艺、过程则要求电动机在某一个时间段内能迅速而准确地停车。例如，万能铣床、卧式镗床等机电设备都要求迅速停车和定位；又如，起重机、卷扬机吊起和放下重物时都需要准确定位，这时就要对电动机进行相应的制动控制，使之迅速停车。为了满足生产机械的这种要求需要对电动机进行制动控制。

 项目工作场景

工作环境：电气、消防、卫生等符合实训安全要求的电工实训室，且具有投影仪等多媒体教学设备。

配套设备：电气安装与维修实训平台。

仪器仪表：每人配备电工常用工具一套（尖嘴钳一把，一字、十字螺丝刀各一把）、万用表一块、兆欧表一块。

元器件及耗材：按照电路安装元器件清单配备所需的元器件和耗材。

着装要求：穿工作服、穿绝缘胶鞋、戴胸牌。

 方案设计

本项目以三相异步电动机制动控制线路为载体，配备电气安装与维修实训平台展开教学。结合本项目的知识点和技能点，将项目分解为单向反接制动控制线路的安装与调试、能耗制动控制线路的安装与调试。通过具体的线路安装与调试，使读者在理实一体化的氛围中快速掌握电气控制线路的工作原理、安装、调试以及安装工艺规范。

 相关知识和技能

知识点：

（1）了解三相异步电动机制动的分类。

（2）了解电磁抱闸装置的结构及工作原理。

（3）理解并掌握速度继电器的结构、工作原理，以及图形、文字符号。

（4）常见的机械制动控制线路的组成、工作原理。

（5）反接制动控制线路的组成、工作原理。

（6）能耗制动控制线路的组成、工作原理。

技能点：

（1）速度继电器的识别及安装。

（2）反接制动控制线路的安装与调试。

（3）能耗制动控制线路的安装与调试。

任务一　单向反接制动控制线路的安装与调试

任务目标

（1）了解三相异步电动机制动的分类。

（2）了解电磁抱闸装置的结构及工作原理。

（3）能正确理解电磁抱闸制动控制线路的工作原理。

（4）理解并掌握速度继电器的结构、原理以及安装。

（5）能正确理解单向反接制动控制线路的工作原理，安装、布线技术符合安装工艺规范。

（6）能够调试、检修单向反接制动控制线路。

任务分析

所谓制动，就是给电动机一个与转动方向相反的转矩，迫使它迅速停转。制动方式分为两大类：机械制动和电气制动。机械制动采用机械抱闸或液压装置使电动机断开电源后迅速停转，常用的机械制动方式有电磁抱闸和电磁离合器制动，电磁抱闸是常用的制动方式之一。电气制动将电动机定子与电源脱离，在停转的过程中接入能产生一个和电动机实际转动方向相对反向的电磁力矩作为制动力矩，迫使电动机迅速停转，机电设备中常用的电气制动方式有反接制动和能耗制动。本次任务重点针对单向反接制动线路进行分析、安装、调试，任务的具体要求如下。

（1）了解和掌握电磁抱闸装置、速度继电器的必备知识。

（2）理解常见机械制动控制线路的工作原理。

（3）理解并掌握单向反接制动控制线路的组成、工作原理。

（4）检测元器件的质量、核对元器件的数量。

（5）在规定时间内，正确、熟练安装，准确、安全地连接电源，进行通车试验。

（6）正确使用仪器仪表，安装、布线技术符合工艺要求。

（7）做到安全操作、文明生产。

知识准备

一、机械制动控制

应用较为普遍的机械制动方式有电磁抱闸和电磁离合器两种，这两种方式的制动原理基本相同，在此对电磁抱闸进行简要介绍。

如图 6 - 1 - 1 所示是常见的电磁抱闸器。电磁抱闸器主要由制动电磁铁和闸瓦制动器两部分组成。制动电磁铁由铁芯、衔铁和线圈三部分组成，线圈有单相和三相之分。闸瓦制动器包括闸轮、闸瓦、杠杆和弹簧等，闸轮和电动机装在同一轴上。制动强度可以通过调整机械结构来改变。

图 6 - 1 - 1　常见的电磁抱闸器

电磁抱闸分为断电制动和通电制动两种。断电制动控制电路的性能是：当线圈得电时，闸瓦在弹簧作用下紧紧抱住闸轮制动；当线圈得电时，闸瓦与闸轮分开，无制动作用。电磁抱闸断电制动控制电路如图 6 - 1 - 2 所示，其一般应用在电梯、起重机、卷扬机等升降机械上，采用的制动闸是平时处于"抱住"状态的制动装置。

说明： 断电制动控制电路的优点：能正确定位，可防止中途断电等影响重物自行坠落而造成事故，比较安全可靠。

断电制动控制电路的缺点：电磁抱闸线圈耗电时间和电动机一样长，不经济；另外在切断电源后转轴即被制动，做调整工作比较困难。

电磁抱闸断电控制电路的工作原理如下。

启动:按下 SB1→KM 线圈得电 —→KM 辅助常开触头闭合——自锁
　　　　　　　　　　　　　└→KM 主触头闭合——→YA 线圈得电→电磁抱闸松开
　　　　　　　　　　　　　　　　　　　　　└→电动机接通运行

停止:按下 SB2→KM 线圈断电→KM 所有触头释放——→电动机断电停止
　　　　　　　　　　　　　　　　　　　　　　└→YA 断电→抱闸制动

通电制动控制电路的性能是：当线圈得电时，闸瓦紧紧抱住闸轮制动；当线圈失电时，闸瓦与闸轮分开，无制动作用。电磁抱闸通电制动控制电路如图6-1-3所示，其一般应用在需要调整加工工件位置的机电设备上，采用的制动闸是平时处于"松开"状态的制动装置。

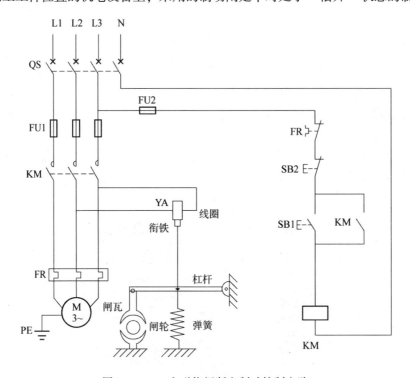

图6-1-2　电磁抱闸断电制动控制电路

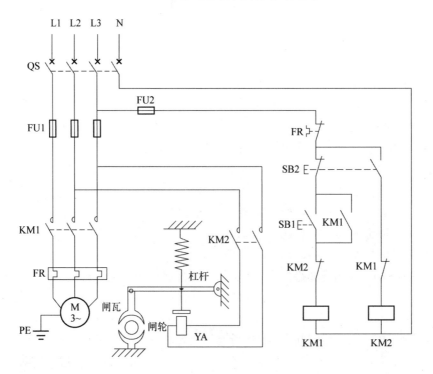

图6-1-3　电磁抱闸通电制动控制电路

电磁抱闸通电制动控制电路的工作原理如下。

启动：按下 SB1→KM1 线圈得电──→KM1 辅助触头动作──→自锁、电气互锁
　　　　　　　　　　　　　└→KM1 主触头闭合──→电动机接通运行

停止：按下 SB2──→KM1 线圈断电──→KM1 所有触头恢复──→电动机断电
　　　　　　└→KM2 线圈得电──→KM2 触头闭合──→YA 线圈得电──→抱闸制动──┐
　　　YA 线圈断电，闸瓦松开←KM2 主触头断开←KM2 线圈断电←松开 SB2←──────┘

说明： 通电制动控制电路的优点：只有将停止按钮 SB2 按到底，接通 KM2 线圈电路才有制动作用，松开停止按钮 SB2，制动就结束。如果不需要制动，可不将停止按钮 SB2 按到底，实现自由停车。这样，可根据实际需要采用制动与否，延长了电磁抱闸器的使用寿命。

二、速度继电器

速度继电器主要由转子、定子及触点三部分组成。如图 6 - 1 - 4 所示为速度继电器。速度继电器结构原理如图 6 - 1 - 5 所示。

速度继电器使用时，其轴应与电动机的轴相接，以接收转速信号。当电动机旋转时，速度继电器的转子同轴转动，转子磁通切割鼠笼圆环，鼠笼绕组内将产生感应电动势和电流。与感应电动机的原理一样，圆环及顶块将随转轴旋转方向偏转，从而使常闭触头断开、常开触头闭合，这样速度继电器触头的断开与闭合可以反映电动机转速和转向的变化。速度继电器的动作速度一般不低于 300 r/min，复位转速在 100 r/min 以下，工作时的最高转速为 1 000 ~ 3 600 r/min。速度继电器的图形符号和文字符号如图 6 - 1 - 6 所示。

图 6 - 1 - 4　速度继电器

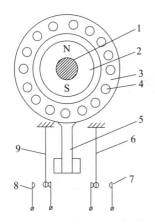

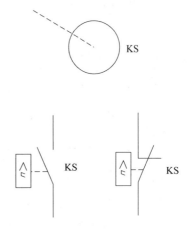

图 6 - 1 - 5　速度继电器结构原理
1—转轴；2—转子；3—定子；4—绕组；
5—摆锤；6、9—簧片；7、8—静触头

图 6 - 1 - 6　速度继电器的图形符号与文字符号

三、反接制动电气控制的原理分析

依靠改变电动机定子绕组的电源相序来产生制动力矩、迫使电动机迅速停转的方法，

叫作反接制动。但当电动机转速接近零时，必须立即切除定子电源，否则将引起电动机反向启动。此时，利用速度继电器及时切断三相交流电源，防止电动机反向启动。另外，在反接制动瞬间，转子中感应电动势比启动时要大得多，产生的制动电流、制动力矩是相当大的，为了限制制动电流和减小机械冲击，在反接制动过程中，在笼型感应电动机的定子电路中串入反接制动电阻。

如图 6 – 1 – 7 所示为三相异步电动机反接制动控制电路。反接制动控制电路的工作过程如下。

启动:按下 SB1→KM1 线圈得电 ┬→KM1 辅助触头动作→自锁、电气互锁
　　　　　　　　　　　　　　└→KM1 主触头闭合→电动机接通运行┐
　　　KS 常开触点闭合,为反接制动做好准备←转速大于 n ←┘

停止:按下 SB2 ┬→KM1 线圈断电──→KM1 所有触头恢复→电动机断电
　　　　　　　└→KM2 线圈得电 ┬→KM2 辅助触头闭合→自锁
　　　　　　　　　　　　　　　└→KM2 主触头闭合→串联电阻反接制动┐
KM2 线圈断电,主触头复位,反接←KS 常开触点复位←电动机转速迅速下降至复位转速←┘
制动结束

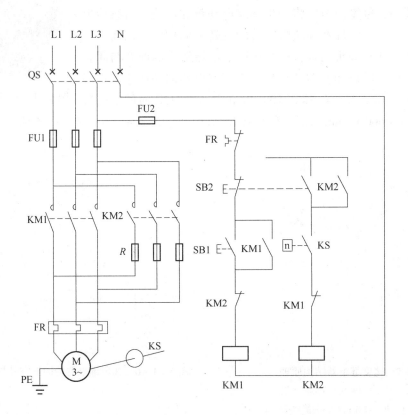

图 6 – 1 – 7　三相异步电动机反接制动控制电路

反接制动控制的优点：制动力强，制动迅速。

反接制动控制的缺点：制动准确性差，制动过程中冲击强烈，易损坏传动零件，制动

能量消耗大，不宜频繁操作。

注意： 反接制动一般适用于制动要求迅速、系统惯性较大、不经常启动与制动的场合，如铣床、中型车床等主轴的制动控制。

任务实施

一、检查元器件

1. 检查元器件、耗材与表 6-1-1 中的型号是否一致。
2. 检查各元器件是否合格，附件、备件是否齐全。

表 6-1-1　单向反接制动控制电路的相关元器件及耗材明细

序号	名称	型号与规格	单位	数量
1	三相笼型异步电动机	YD112M-4/2，3.3 kW/4 kW、380 V、7.4 A/8.6 A、额定△形接法、1 440 r/min 或 2 890 r/min	台	1
2	电源开关	HK1-30，四极、380 V、30 A	个	1
3	熔断器及熔芯配套	RL1-60/20，500 V、60 A、配熔芯 25 A	套	3
4	熔断器及熔芯配套	RL1-15/2，500 V、15 A、配熔芯 25 A	套	1
5	交流接触器	CJT1-120，20 A、线圈电压 220 V	只	2
6	速度继电器	JY1 型	只	1
7	热继电器	JR16-20/3D，整定电流 7.4 A	只	1
8	按钮	LA10-3H 或 LA4-3H	个	2
9	接线端子排	JX2-1015，500 V、10 A、15 节	条	1
10	螺丝、螺母、平垫圈	M4×25 mm 或 M4×15 mm	套	若干
11	塑料软铜线	BVR-2.5 mm², 颜色：黑色或自定	米	若干
12	塑料软铜线	BVR-0.75 mm², 颜色：红色或自定	米	若干
13	塑料软铜线	BVR-1.5 mm², 颜色：黄绿双色	米	若干
14	别径压端子	UT2.5-4，UT1-4	个	若干
15	行线槽	TC3025，长 34 cm，两边打 φ3.5 mm 孔	条	若干
16	异形编码套管	φ3.5 mm	米	若干

二、分析绘制元器件布置图

对照实训工位现有电气控制基板绘制元器件布置图，经教师检查合格后，在控制板上安装元器件，如图 6-1-8 所示。元器件应安装牢固，并符合工艺要求。

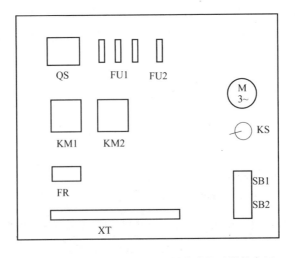

图 6 - 1 - 8　单向反接制动控制线路的元器件布置

三、布线

布线时，应按照电气安装与维修工艺规范进行操作。除此之外，本电路安装接线时还要注意速度继电器的识别与安装、主电路 KM2 主触头与 KM1 主触头调换相序并接。

四、自检

用万用表进行检查时，应选用电阻挡的适当倍率，并进行校零，以防错漏短路故障。

（1）检查控制电路时，可将表笔搭在"L3"和"N"上，读数应为"∞"，按下启动按钮 SB1 时，读数应为接触器线圈的直流电阻值。

（2）检查主电路时，可以用手动来代替接触器受电线圈励磁吸合时的情况进行相间短路与相内通路检查，特别是要检查反接制动主电路中每相所串联的电阻是否正常。

五、连接电源、通电试车

（1）在通电试车过程中，必须保证学生的人身安全和设备的安全，在教师指导下规范操作，学生不得私自通电。

（2）在确认元器件、接线、负载和电源无误后，清理实训工作台上的杂物，告知周围的学生准备试车，在教师的监督下通电。

（3）熟悉操作过程、进行试车。

①合上电源开关 QS，不得带电检查线路接线是否正确。

②第一次按下按钮时应短时点动，以观察线路和电动机运行有无异常现象。

③观察各接触器的吸合情况，特别是要观察速度继电器的动作情况。

（4）当出现故障、需要带电检查时，必须在教师现场监护的情况下进行。检修完毕后，如果需要再次试车，也应该在教师现场监护下进行，并做好时间记录。

（5）通电试车结束后，应先切断电源，再拆除电动机线。

　　本任务主要介绍了三相笼型异步电动机制动控制的分类，通过对机械制动原理的介绍、电气制动中反接制动原理的介绍，以及反接制动的安装与调试的介绍，使读者充分认识本次学习任务的内容、提高自身的动手操作技能。

任务二　能耗制动控制线路的安装与调试

任务目标

　　（1）能正确理解能耗制动控制线路的工作原理。
　　（2）能按电气安装工艺规范进行线路安装与调试。
　　（3）能对能耗制动控制线路进行检修。

任务分析

　　能耗制动是电气制动的一种常见方式。本次任务重点针对能耗制动控制线路进行分析、安装、调试与检修，任务的具体要求如下。
　　（1）理解与掌握能耗制动控制线路的组成、工作原理。
　　（2）检测元器件的质量、核对元器件的数量。
　　（3）在规定时间内，正确、熟练安装，准确、安全地连接电源，进行通车试验。
　　（4）能在规定时间内排除设定的故障。
　　（5）正确使用仪器仪表，安装、布线技术符合工艺要求。
　　（6）做到安全操作、文明生产。

知识准备

一、能耗制动控制电路

　　当电动机切断交流电源后，旋转磁场消失，立即在任意两组定子绕组中通入直流电，产生一个静止磁场，迫使电动机迅速停转的方法称为能耗制动。能耗制动的特点如下。
　　（1）制动作用的强弱与直流电流的大小和电动机转速的快慢有关，在同样的转速下电流越大，制动作用越强。一般取直流电流为电动机空载电流的 3～4 倍，过大会使定子过热。
　　（2）电动机能耗制动时，制动转矩随电动机的惯性转速下降而减小，故制动平稳且能量消耗小，但是制动力较弱，特别是低速时尤为突出。另外，控制系统需要附加直流电源装置。

（3）能耗制动一般在重型机床中常与电磁抱闸配合使用，先能耗制动，待转速降低至一定值时，再令抱闸动作，可有效实现准确、快速停车。

（4）能耗制动一般用于制动要求平稳准确、电动机容量大和启制动频繁的场合，如磨床、龙门刨床及组合机床的主轴定位等。

如图6－2－1所示为三相异步电动机能耗制动控制电路。

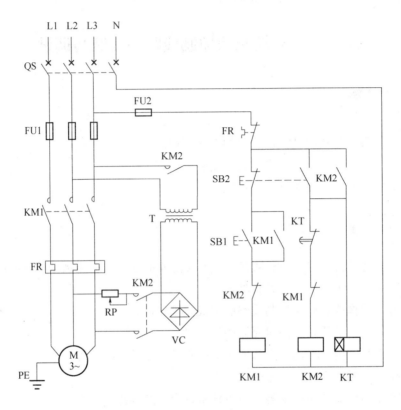

图6－2－1　三相异步电动机能耗制动控制电路

图6－2－1中KM1为单向运行接触器，KM2为能耗制动接触器，KT为时间继电器，T为整流变压器，VC为桥式整流电路，RP为滑动变阻器。

二、能耗控制电路的工作原理

启动:按下SB1→KM1线圈得电┬→KM1辅助触头动作→自锁、电气互锁
　　　　　　　　　　　　　　└→KM1主触头闭合→电动机接通运行

停止:按下SB2┬→KM1线圈断电──→KM1所有触头恢复→电动机断电
　　　　　　　├→KM2线圈得电┬→KM2辅助触头闭合→自锁
　　　　　　　│　　　　　　　└→KM2主触头闭合→整流装置接入能耗制动
　　　　　　　└→KT线圈得电计时→KT常闭触点延时断开→KM2线圈断电┐
　　　　　　　　整流桥切除,能耗制动结束←KM2主触头恢复断开←┘

任务实施

一、检查元器件

（1）检查元器件、耗材与表 6 – 2 – 1 中的型号是否一致。

（2）检查各元器件是否合格，附件、备件是否齐全。

表 6 – 2 – 1　单向反接制动控制线路的相关元器件及耗材明细

序号	名称	型号与规格	单位	数量
1	三相笼型异步电动机	YD112M – 4/2，3.3 kW/4 kW、380 V、7.4 A/8.6 A、额定△形接法、1 440 r/min 或 2 890 r/min	台	1
2	电源开关	HK1 – 30，四极、380 V、30 A	个	1
3	熔断器及熔芯配套	RL1 – 60/20，500 V、60 A、配熔芯 25 A	套	3
4	熔断器及熔芯配套	RL1 – 15/2，500 V、15 A、配熔芯 25 A	套	1
5	交流接触器	CJT1 – 120，20 A、线圈电压 220 V	只	2
6	时间继电器	JS7 – 2A，线圈电压 220 V	只	1
7	热继电器	JR16 – 20/3D，整定电流 7.4 A	只	1
8	按钮	LA10 – 3H 或 LA4 – 3H	个	2
9	接线端子排	JX2 – 1015，500 V、10 A、15 节	条	1
10	螺丝、螺母、平垫圈	M4 × 25 mm 或 M4 × 15 mm	套	35
11	单相整流电路	自定	套	1
12	塑料软铜线	BVR – 0.75 mm²，颜色：红色或自定	米	15
13	塑料软铜线	BVR – 1.5 mm²，颜色：黄绿双色	米	1
14	别径压端子	UT2.5 – 4，UT1 – 4	个	20
15	行线槽	TC3025，长 34 cm，两边打 ϕ3.5 mm 孔	条	5
16	异形编码套管	ϕ3.5 mm	米	0.3

二、分析绘制元器件布置图

对照实训工位现有电气控制基板绘制元器件布置图，经教师检查合格后，在控制板上安装元器件，如图 6 – 2 – 2 所示。元器件应安装牢固，并符合工艺要求。

三、布线

布线时，应按照电气安装与维修工艺规范进行操作。除此之外，还要注意变压器、整流器、变阻器的安装与接线。

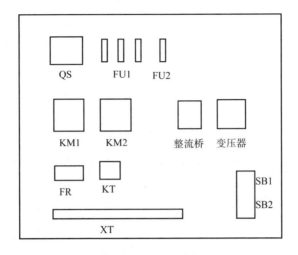

图 6 - 2 - 2 能耗制动控制线路的元器件布置

四、自检

用万用表进行检查时，应选用电阻挡的适当倍率，并进行校零，以防错漏短路故障。

（1）检查控制电路时，可将表笔搭在"L3"和"N"上，读数应为"∞"，按下启动按钮 SB1 时，读数应为接触器线圈的直流电阻值。

（2）检查主电路时，可以用手动来代替接触器受电线圈励磁吸合时的情况进行相间短路与相内通路检查，特别是要注意 KM2 手动推合后整流桥电路的检查。

五、连接电源、通电试车

（1）在通电试车过程中，必须保证学生的人身安全和设备的安全，在教师指导下规范操作，学生不得私自通电。

（2）在确认元器件、接线、负载和电源无误后，清理实训工作台上的杂物，告知周围的学生准备试车，在教师的监督下通电。

（3）熟悉操作过程、进行试车。

①合上电源开关 QS，不得带电检查线路接线是否正确。

②第一次按下按钮时应短时点动，以观察线路和电动机运行有无异常现象。

③依次观察 KM1 是否能正常吸合；按下停止按钮 SB2 后，KM2、KT 线圈的通电吸合情况以及整定时间到后两个线圈的断开情况；观察整个过程是否与控制要求相符合。

（4）当出现故障、需要带电检查时，必须在教师现场监护的情况下进行。检修完毕后，如果需要再次试车，也应该在教师现场监护下进行，并做好时间记录。

（5）通电试车结束后，应先切断电源，再拆除电动机线。

任务总结

本次任务在介绍了三相笼型异步电动机能耗制动控制线路工作原理的基础上，进行线路的安装与调试，在通过了功能调试的基础上，再进行故障的设置与排除，使读者充分认识本次学习任务的内容、提高自身的动手操作技能。故障的设置与排除是非常实用的技能，应予以重视。

项目评价

能耗制动控制线路的安装与调试的考核评价表

评分内容	配分/分	重点检查内容	分项配分/分	详细配分	扣分	得分
元器件安装	15	按电气原理图选接元器件	7	选错扣1分/个		
		元器件检测	8	检测误判扣1分/个		
电路连接	35	使用导线（颜色、线径）	2	每种导线0.5分		
		导线连接是否牢靠、正确	20	松动、接错、漏接扣0.5分/处		
		端子规范（端子压实、无毛刺，铜丝不能裸露太长，无剪断铜丝）	3	每个端子0.1分		
		号码管（线号、方向）	3	每个号码管0.15分		
		走线排列	4	走线应整齐美观，走线错位、交叉不整齐扣0.2分/处		
		保护接地	3	电源及电动机各处接地，少接一处扣1分		
电路调试	35	功能叙述	5	能主动叙述控制要求		
		仪表使用	5	熟练使用万用表进行上电前检测		
		电源功能正确	5	电源上电正常		
		控制电路功能正确	10	控制电路接触器控制正确，错一处扣5分		
		主电路功能正确	10	电动机控制正确，错一处扣5分		
职业素养和安全意识	15	上电短路或故意损坏设备	15	扣10分		
		违反操作规程		每次扣2分		
		劳动保护用品未穿戴		扣3分		

注：若发生重大安全事故，本次总成绩记为零分。

巩固练习

1. 速度继电器主要用于三相异步电动机_____制动的控制电路中。

2. 在反接制动过程中，在三相笼型异步电动机的定子电路中接入_____。

3. 当电动机切断交流电源后，立即在任意两组定子绕组中通入_____，迫使电动机迅速停转的方法称为能耗制动。

4. 什么是制动？制动方式有哪些？

5. 什么是机械制动？常见的机械制动有哪两种？

6. 反接制动和能耗制动主电路为何要接入制动电阻？

7. 简述反接制动电路的工作原理和注意事项。

8. 三相异步电动机有哪几种制动方式？各有何特点？

9. 设计一个按速度原则控制的电动机能耗制动控制电路。

项目七　双速异步电动机控制线路的安装与调试

 项目需求

　　双速电动机主要用于煤矿、石油、天然气、石油化工和化学工业，在纺织、冶金、城市煤气、交通、粮油加工、造纸、医药等领域也被广泛应用。双速电动机作为主要的动力设备，通常用于驱动泵、风机、压缩机和其他传动机械。近年来，我国高速公路发展迅速，一大批燃油加油站出现给双速电动机提供了新的市场。在实际的机械加工生产中，许多生产机械为了适应各种工件的加工工艺要求，需要电动机有很大的调速范围。常见的双速异步电动机如图7-1所示。

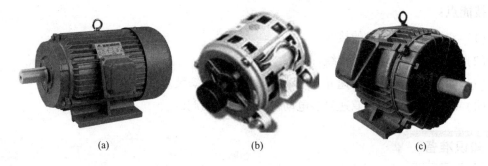

图7-1　常见的双速异步电动机

(a) YD系列双速电动机；(b) 干洗机专用双速电动机；(c) 洗衣机专用双速电动机

 项目工作场景

　　工作环境：电气、消防、卫生等符合实训安全要求的电工实训室，且具有投影仪等多媒体教学设备。

　　配套设备：电气安装与维修实训平台。

　　仪器仪表：每人配备电工常用工具一套（尖嘴钳一把，一字、十字螺丝刀各一把）、万用表一块。

　　元器件及耗材：按照电路安装元器件清单配备所需的元器件和耗材。

　　着装要求：穿工作服、穿绝缘胶鞋、戴胸牌。

 **方案设计**

本项目以双速异步电动机控制线路的安装与调试为载体，配备电气安装与维修实训平台展开教学。结合本项目的知识点和技能点，先简要介绍三相异步电动机的调速方法和认识双速异步电动机定子绕组的连接方法，然后着重介绍双速异步电动机控制线路的组成和工作原理，最后进行安装和调试三相异步电动机控制线路，并要求能对简单的故障进行检修。

 相关知识和技能

知识点：

（1）常见三相异步电动机的调速方法。

（2）双速异步电动机定子绕组的连接方法。

（3）接触器自锁控制双速异步电动机控制线路的组成、工作原理。

（4）时间继电器控制双速异步电动机控制线路的组成、工作原理。

（5）接触器控制三速异步电动机控制线路的组成、工作原理。

技能点：

（1）双速异步电动机的接线。

（2）三速异步电动机的接线。

（3）时间继电器控制双速异步电动机控制线路的安装。

（4）时间继电器控制双速异步电动机控制线路的调试。

知识准备

一、三相异步电动机的调速方法

由三相异步电动机的转速公式：

$$n = (1-s)\frac{60f_1}{p}$$

可知，改变三相异步电动机转速可以通过三种方式来实现，一是改变电源频率 f_1，二是改变转差率 s，三是改变磁极对数 p。

改变三相异步电动机的磁极对数来调速称为变极调速。变极调速是通过改变定子绕组的连接方式来实现的，它是有级调速，只适用于三相笼型异步电动机。磁极对数可改变的电动机称为多速电动机。常见的多速电动机有双速、三速、四速等几种类型，如 T68 镗床的主轴电动机就是采用 △ – YY 接法的双速异步电动机。

二、双速异步电动机的控制线路

（一）双速异步电动机定子绕组的连接方法

双速异步电动机定子绕组的△/YY接线如图7-2所示。在图7-2中，三相定子绕组接成△形，由三个连接点接出三个出线端U1、V1、W1，从每相绕组的中点各接出一个出线端U2、V2、W2，这样定子绕组共有六个出线端。通过改变这六个出线端与电源的连接方式就可以得到两种不同的转速。

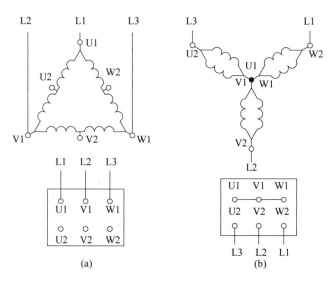

图7-2　双速异步电动机定子绕组的△/YY接线

（a）低速△接法（四极）；（b）高速YY接法（两极）

电动机低速工作时，把三相电源分别接在出线端U1、V1、W1上，另外三个出线端U2、V2、W2不接，如图7-2（a）所示，此时电动机定子绕组接成△形，磁极为四极，同步转速为1 500 r/min。

电动机高速工作时，把三个出线端U1、V1、W1并接在一起，三相电源分别接到另外三个出线端U2、V2、W2上，如图7-2（b）所示，这时电动机定子绕组接成YY形，磁极为两极，同步转速为3 000 r/min。可见，双速电动机高速运转时的转速是低速运转时转速的两倍。

注意：双速电动机定子绕组从一种接法改变为另一种接法时，必须把电源相反接，以保证电动机的旋转方向不变。

（二）双速异步电动机控制线路的工作原理

1. 接触器自锁控制双速异步电动机的控制线路

如图7-3所示为接触器控制双速异步电动机的控制线路。其中，SB1、KM1控制电动机低速运转；SB2、KM2、KM3控制电动机高速运转。当电动机低速运转时，按下按钮SB1；当电动机高速运转时，按下按钮SB2。工作原理请读者自行分析。

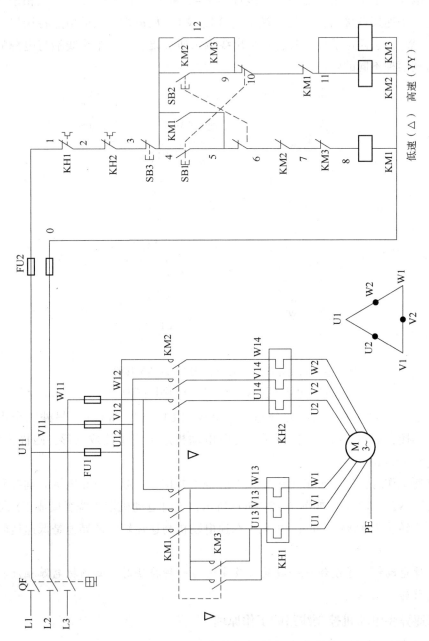

图 7-3 接触器控制双速异步电动机的控制线路

接触器自锁控制双速异步电动机控制电路在电动机低速与高速控制回路中用了按钮与接触器双重联锁控制，既保证了低速与高速控制回路只能单独通电的可靠性，又能很方便地进行速度转换，控制方式灵活、线路可靠性好。

但在实际生产中，一些生产机械是不允许进行高速启动的，而需要在低速启动后才能进入高速运转，因此必须对手动控制线路加以改进。采用时间继电器来控制双速异步电动机的低速启动及高速运转，从而实现自动控制。

2. 时间继电器控制双速异步电动机的控制线路

时间继电器控制双速异步电动机的控制电路如图 7 – 4 所示。时间继电器 KT 控制电动机△形启动时间和△ – YY 的自动换接时间。

时间继电器控制双速异步电动机的工作原理：先合上电源开关 QF。

△形低速启动运转：

YY 形高速运转：

停止时，按下 SB3 即可。若电动机只需高速运转，可直接按下 SB2，则电动机△形低速启动后 YY 形高速运转。

三、三速异步电动机的控制线路

（一）三速异步电动机定子绕组的连接方法

三速异步电动机有两套定子绕组，分两层安放在定子槽内，第一套绕组（双速）有七个出线端（U1、V1、W1、U3、U2、V2、W2），可作△或者 YY 连接；第二套绕组（单速）有三个出线端（U4、V4、W4），只可作 Y 连接。三速异步电动机电子绕组的接线方法如图 7 – 5 所示。当分别改变两套定子绕组的连接方法（改变磁极对数）时，电动机就可以得到三种不同的转速。

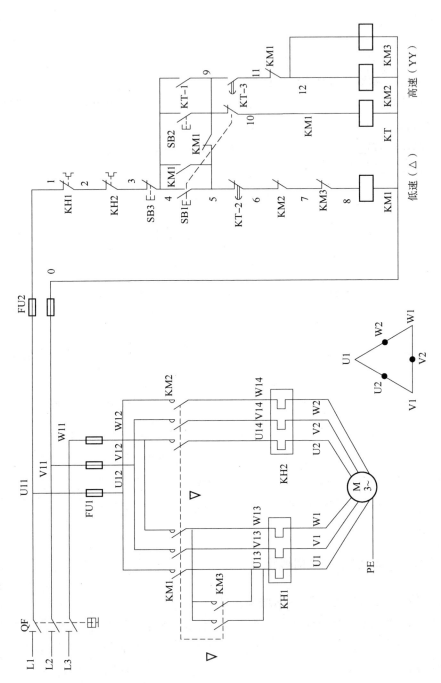

图 7 - 4 时间继电器控制双速异步电动机的控制电路

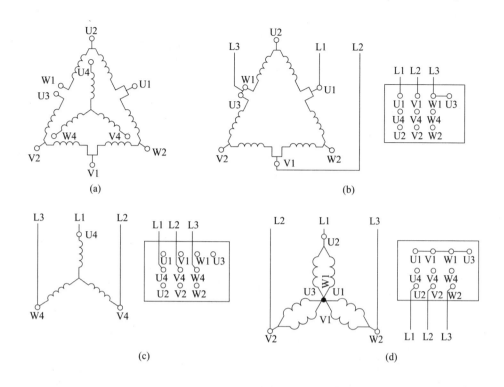

图 7 – 5　三速异步电动机电子绕组的接线方法

（a）三速电动机的两套定子绕组；（b）低速△接法；（c）中速 Y 接法；（d）高速 YY 接法

三速异步电动机定子绕组的接线方法如表 7 – 1 所示。U3 和 W4 出线端分开的目的是当电动机定子绕组接成 Y 中速运转时，避免在△接法的电子绕组中产生感应电流。

表 7 – 1　三速异步电动机定子绕组的接线方法

转速	电源接线			并头	连接方法
	L1	**L2**	**L3**		
低速	U1	V1	W1	U3、W1	△
中速	U4	V4	W4	—	Y
高速	U2	V2	W2	U1、V1、W1、U3	YY

（二）接触器控制三速异步电动机的控制线路

接触器控制三速异步电动机的控制电路如图 7 – 6 所示。其中，SB1、KM1 控制电动机在△接法下低速运转，SB2、KM2 控制电动机在 Y 接法下中速运转，SB3、KM3 控制电动机在 YY 接法下高速运转。对于接触器控制三速异步电动机的具体工作原理，读者可查阅相关资料后自行分析。

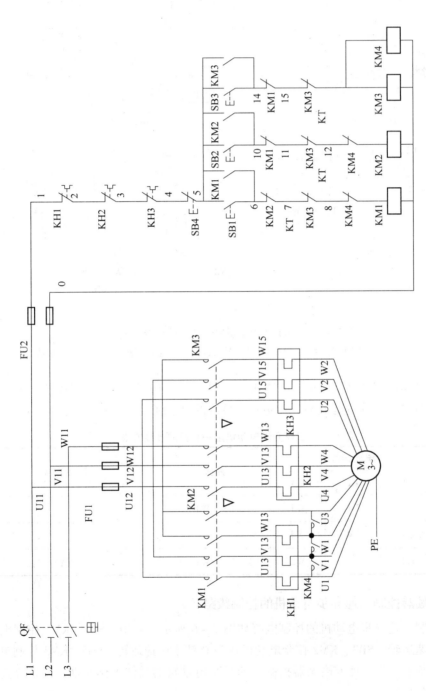

图 7 – 6　接触器控制三速异步电动机的控制电路

项目实施

一、检查元器件

（1）检查元器件、耗材与表 7 - 2 中的型号是否一致。

（2）检查各元器件是否合格，附件、备件是否齐全。

表 7 - 2 时间继电器自动控制双速异步电动机控制线路的元器件及耗材明细

序号	名称	型号与规格	单位	数量
1	三相笼型异步电动机	YD112M - 4/2，3.3 kW/4 kW、380 V、7.4 A/8.6 A、△ - YY 接法、1 440 r/min 或 2 890 r/min	台	1
2	电源开关	HK1 - 30，三极、380 V、30 A	个	1
3	熔断器及熔芯配套	RL1 - 60/20，500 V、60 A、配熔芯 25 A	套	3
4	熔断器及熔芯配套	RL1 - 15/2，500 V、15 A、配熔芯 25 A	套	2
5	交流接触器	CJT1 - 120，20 A、线圈电压 380 V	只	3
6	时间继电器	JS7 - 2A，线圈电压 380 V	只	1
7	热继电器	JR16 - 20/3D，整定电流 7.4 A	只	1
8	热继电器	JR16 - 20/3D，整定电流 8.6 A	只	1
9	按钮	LA10 - 3H 或 LA4 - 3H	个	3
10	接线端子排	JX2 - 1015，500 V、10 A、15 节	条	1
11	螺丝、螺母、平垫圈	M4×25 mm 或 M4×15 mm	套	若干
12	塑料软铜线	BVR - 2.5 mm²，颜色：黑色或自定	米	若干
13	塑料软铜线	BVR - 1 mm²，颜色：黑色或自定	米	若干
14	塑料软铜线	BVR - 0.75 mm²，颜色：红色或自定	米	若干
15	塑料软铜线	BVR - 1.5 mm²，颜色：黄绿双色	米	若干
16	别径压端子	UT2.5 - 4，UT1 - 4	个	若干
17	行线槽	TC3025，长 34 cm，两边打 φ3.5 mm 孔	条	若干
18	异形编码套管	φ3.5 mm	米	若干

二、绘制元器件布置图与接线图

请读者自行绘制布置图和接线图。

三、布线

安装工艺要求可参照位置控制线路的安装工艺要求进行。

四、自检

（一）按电路图或接线图逐段检查

检查方法参考项目一任务一中的检查方法。

（二）用万用表检查线路的通断情况

1. 主电路的检查

（1）断开熔断器 FU2，切除辅助电路，用万用表接 U11、V11 端子，分别按下 KM1 和 KM2 触头支架，万用表由断到通。用同样的方法测得 V11、W11 和 W11、U11 之间的通断情况。

（2）检查 △-YY 转换通路。两支表笔分别接 U11 端子和接线端子板上的 U 端子，按下 KM1 的触头支架时应测得电阻趋近于零。松开 KM1、按下 KM2 触头支架时，应测得电动机一相绕组的电阻值。用同样的方法测量 V11、V 和 W11、W 之间的通路。

2. 控制电路的检查

（1）断开熔断器 FU2，将万用表表笔接在 "0" "1" 接点上，此时万用表读数应为无穷大。

（2）启动电路检查。按下按钮 SB1，万用表应显示 KM1 线圈电阻值；再按下 SB3，万用表应显示无穷大（∞），说明线路由通到断、启动控制线路正常。

（3）检查 △ 形低速启动运转及停车。操作按钮前应测得电路断路；按下 SB1 时，应测得 KM1 的线圈电阻值；如果同时按下 SB3，万用表应显示线路由通到断。

（4）检查 YY 形高速运转。按下 SB2 和 KM1 触头支架，应测得 KT 的线圈电阻值。轻按 SB1 和 KT 触头支架，应测得 KM1 和 KM2 的线圈电阻并联值。

五、连接电源、通电试车

（1）在通电试车过程中，必须保证学生的人身安全和设备的安全，在教师指导下规范操作，学生不得私自通电。

（2）在确认元器件、接线、负载和电源无误后，清理实训工作台上的杂物，告知周围的学生准备试车，在教师的监督下通电。

（3）熟悉操作过程、进行试车。

①空操作试验。合上 QS，做以下几项试验。

一是，△ 形低速启动运转及停车。按下 SB1，KM1 应立即动作并能保持吸合状态；按下 SB3，KM1 释放。

二是，Y 形高速运转及停车。按下 SB2，KT 吸合动作，KM1 应立即动作并能保持吸合状态，几秒后 KM 释放，KM2、KM3 同时吸合。按下 SB3，KM2、KM3 同时释放。

②带负荷试车。切断电源后，连接好电动机接线，装好接触器灭弧罩，合上 QS 试车。

一是，试验 △ 形低速启动运转后转 Y 形高速运转及停车。按下 SB1，电动机 △ 形低速启动运转；再按下 SB2，电动机转入 Y 形高速运转；最后按下 SB3，电动机停转。

二是，试验电动机 Y 形高速运转。按下 SB2，电动机 △ 形低速启动后，能自动转入 Y 形高速运转。

（4）当出现故障、需要带电检查时，必须在教师现场监护的情况下进行。检修完毕后，如果需要再次试车，也应该在教师现场监护下进行，并做好时间记录。

（5）通电试车结束后，应先切断电源，再拆除电动机线。

项目总结

本项目的目的是正确理解并掌握时间继电器控制双速异步电动机的工作原理，能正确安装与调试线路，实现电动机由△形低速启动到 YY 形高速运转，了解通过改变电源频率 f_1、转差率 s、磁极对数 p 三种方法来改变电动机转速。本项目中的双速异步电动机采用改变磁极对数的方法进行调速，三相定子绕组在低速时采用△接法（四极），在高速时采用 YY 接法（两极）。

项目评价

时间继电器自动控制双速电动机控制线路项目评价表

评分内容	配分/分	重点检查内容	分项配分/分	详细配分	扣分	得分
元器件安装	15	按电气原理图选接元器件	7	选错扣 1 分/个		
		元器件检测	8	检测误判，扣 1 分/个		
电路连接	35	使用导线（颜色、线径）	2	每种导线 0.5 分		
		导线连接是否牢靠、正确	20	松动、接错、漏接扣 0.5 分/处		
		端子规范（端子压实、无毛刺，铜丝不能裸露太长，无剪断铜丝）	3	每个端子 0.1 分		
		号码管（线号、方向）	3	每个号码管 0.15 分		
		走线排列	4	走线应整齐美观，走线错位、交叉不整齐扣 0.2 分/处		
		保护接地	3	电源及电动机各处接地，少接一处扣 1 分		
电路调试	35	功能叙述	5	能主动叙述控制要求		
		仪表使用	5	熟练使用万用表进行上电前检测		
		电源功能正确	5	电源上电正常		
		控制电路功能正确	10	控制电路接触器控制正确，错一处扣 5 分		
		主电路功能正确	10	电动机控制正确，错一处扣 5 分		
职业素养和安全意识	15	上电短路或故意损坏设备	15	扣 10 分		
		违反操作规程		每次扣 2 分		
		劳动保护用品未穿戴		扣 3 分		

注：若发生重大安全事故，本次总成绩记为零分。

巩固练习

1. 三相异步电动机的调速方法有哪三种？三相笼型异步电动机的变极调速是如何实现的？

2. 双速电动机的定子绕组共有几个出线端？分别画出双速电动机在低速、高速时定子绕组的接线图。

3. 三速异步电动机有几套定子绕组？定子绕组上有几个出线端？分别画出三速异步电动机在低速、中速和高速时定子绕组的接线图。

4. 现有一台双速异步电动机，试按下述要求设计控制线路。

（1）分别用两个按钮操作电动机的高速启动与低速启动，用一个总停按钮操作电动机停转。

（2）高速启动时，应先接成低速，然后经延时后再换接到高速。

（3）有短路保护和过载保护。

项目八　CA6140 型车床电气控制线路的故障检修

 项目需求

　　某生产车间有一台 CA6140 型车床在加工工件时突然停机，最后出现所有电动机都无法启动的故障，操作者立即将此情况上报设备维修组，维修班长立即下发维修任务单给维修人员，维修人员查看该机床，对该机床故障进行详细诊断，并排除故障，使机床恢复生产。工作过程需要按"6S"现场管理标准进行。

 项目工作场景

　　工作环境：电气、消防、卫生等符合实训安全要求的电工实训室，且具有投影仪等多媒体教学设备。

　　配套设备：CA6140 型车床电路智能实训考核装置。

　　仪器仪表：每人配备电工常用工具一套（尖嘴钳一把，一字、十字螺丝刀各一把）、万用表一块。

　　元器件及耗材：按电路安装元器件清单配备所需元器件和材料。

　　着装要求：穿工作服、穿绝缘胶鞋、戴胸牌。

 方案设计

　　本项目以 CA6140 型卧式车床电气控制线路的故障检修为载体，配备 CA6140 型车床电路智能实训考核单元。结合本项目的知识点和技能点，将项目分解为认识 CA6140 型车床电气控线路和 CA6140 型卧式车床主电气控制线路常见故障的检修两个学习任务。在任务一中，首先对磨床的主要结构、主要运动形式、工作原理等知识进行了介绍，然后在任务实施环节中使读者进一步学习、掌握磨床的主要结构、操作部件以及电气设备和型号。在任务二中，主要学习、掌握常见故障的检修方法。

相关知识和技能

知识点:

(1) CA6140 型车床控制线路的工作原理及控制方式。

(2) CA6140 型车床控制线路的电气故障。

(3) CA6140 型车床的运动形式。

技能点:

(1) 认识 CA6140 型车床控制线路的结构。

(2) CA6140 型车床控制线路的电气故障检修。

(3) CA6140 型车床控制线路的基本操作。

任务一　认识 CA6140 型车床电气控制线路

任务目标

(1) 熟悉普通车床的基本组成和控制过程,掌握车床电气控制线路的特点和控制要求,提高识别车床电气控制线路的能力。

(2) 掌握成套低压电气控制柜的装配与调试方法。

(3) 提高对车床电气控制线路的综合装配与调试的能力。

(4) 认识 CA6140 型车床的功能、主要运动形式及电气控制线路的工作原理。

(5) 学会车床电气设备的日常维护和保养。

任务分析

CA6140 型车床是一种应用极为广泛的金属切削通用机床,能够车削外圆、内圆、端面、螺纹、螺杆以及定型表面等。本任务通过在指导教师示教下,使大家学会简单操作 CA6140 型车床,了解该车床的机械结构和电气控制特点;正确识读 CA6140 型车床的电气控制原理图,会分析 CA6140 型车床的电气控制原理。

知识准备

车床是机械加工业中应用最为广泛的一种机床,占机床总数的 25% ~ 50% 。在各种车床中,应用最多的就是普通车床。普通车床主要用来车削外圆、内圆、端面和螺纹等,还可以安装钻头或铰刀等以进行钻孔和铰孔等加工。车床主要分为卧式车床、立式车床、转塔车床、单轴自动车床、多轴自动和半自动车床、仿形车床,以及多刀车床和各种专门化车床。其中在普通车床里,卧式车床应用最为广泛。

一、CA6140 型车床主要结构及型号

CA6140 型车床外观结构如图 8 - 1 - 1 所示。它主要由床身、主轴变速箱、进给箱、溜板箱、刀架、尾架、丝杠和光杠等部件组成。CA6140 型普通车床型号的含义如下。

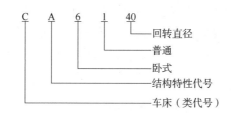

二、CA6140 型车床的主要运动形式及控制要求

（一）CA6140 型车床的主要运动形式

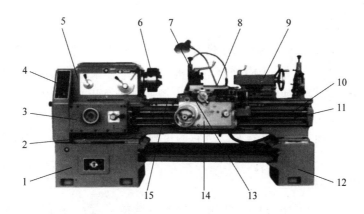

图 8 - 1 - 1　CA6140 型车床外观结构

1—左床座；2—床身；3—进给箱；4—挂轮架；5—主轴变速箱；6—卡盘；7—刀架；
8—小滑板；9—尾架；10—丝杠；11—光杠；12—右床座；13—横溜板；14—溜板箱；15—纵溜板

CA6140 型车床主要有两种运动：一种是用卡盘或顶尖将被加工工件固定，用电动机拖动进行旋转运动，称为车床的主轴运动；另一种是溜板箱带动刀架直线移动，称为车床的进给运动。车床工作时绝大部分功率消耗在主轴运动上，主轴运动通过丝杠带动溜板箱进行慢速移动，使刀具进行自动切削。溜板箱的运动只消耗很小的功率。

（二）CA6140 型车床的控制要求

车床在加工各种旋转表面时必须具有切削运动和辅助运动。切削运动包括主运动和进给运动；而切削运动以外的其他运动皆为辅助运动。

根据 CA6140 型车床的运动情况和工艺要求，对电气控制提出如下要求。

（1）主拖动电动机一般选用三相鼠笼式异步电动机，并采用机械变速。

（2）车削螺纹时，主轴要求正、反转，小型车床由电动机正、反转来实现，CA6140 型车床则靠摩擦离合器来实现，电动机只做单向旋转。

（3）一般中、小型车床的主轴电动机均采用直接启动。停车时为实现快速停车，一般采用机械制动或电气制动。

（4）车削加工时，需要用切削液对刀具和工件进行冷却。为此，车床中设有一台冷却泵电动机，拖动冷却泵输出冷却液。

（5）冷却泵电动机与主轴电动机具有联锁关系，即冷却泵电动机应在主轴电动机启动后才可选择启动与否；而当主轴电动机停止时，冷却泵电动机应立即停止。

（6）为实现溜板箱的快速移动，由单独的快速移动电动机拖动，并采用点动控制。

（7）电路应有必要的保护环节、安全可靠的照明。

三、CA6140 型车床电气控制线路分析

（一）主电路分析

主电路中共有三台电动机：M1 为主轴及进给电动机，拖动主轴和工件旋转，并通过进给机构实现车床进给运动；M2 为冷却泵电动机，拖动冷却泵输出冷却液；M3 为快速移动电动机，拖动溜板箱实现快速移动。三相交流电源通过转换开关 QS1 引入。主轴电动机 M1 由接触器 KM1 控制启动，热继电器 FR1 为主轴电动机 M1 的过载保护。冷却泵电动机 M2 由接触器 KM2 控制启动，热继电器 FR2 为它的过载保护。刀架快速移动电动机 M3 由接触器 KM3 控制启动。

（二）控制电路分析

如图 8 - 1 - 2 所示是 CA6140 型车床电气原理（含故障点）。控制回路的电源由控制变压器 TC 副边输出 110 V 电压提供，由熔断器 FU3 作短路保护。

1. 主轴电动机 M1 的控制

按下启动按钮 SB1，接触器 KM1 的线圈得电动作，其主触关闭合，主轴电动机启动运行。同时，KM1 的自锁触头和另一副常开触头闭合。按下停止按钮 SB2，主轴电动机 M1 停转。

2. 冷却泵电动机 M2 的控制

在车削加工过程中需要使用冷却液时，合上开关 QS2，在主轴电动机 M1 运转情况下接触器 KM1 线圈得电吸合，其主触头闭合，冷却泵电动机得电运行。由电气原理图可知，只有当主轴电动机 M1 启动后，冷却泵电动机 M2 才有可能启动，当 M1 停止运行时，M2 也自动停止。

3. 刀架快速移动电动机 M3 的控制

刀架快速移动电动机 M3 的启动是由安装在进给操纵手柄顶端的按钮 SB3 来控制的，它与中间继电器 KM2 组成点动控制环节。将操纵手柄扳到所需的方向，按下按钮 SB3，继电器 KM2 得电吸合，M3 启动，刀架就向指定方向快速移动。

（三）照明、信号灯电路分析

控制变压器 TC 的副边分别输出 24 V 和 6 V 电压，作为机床低压照明灯和信号灯的电源。EL 为机床的低压照明灯，由开关 SA 控制；HL 为电源的信号灯。它们分别采用 FU 和 FU3 作短路保护。

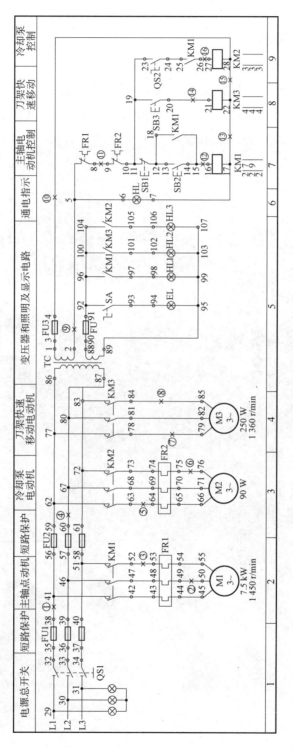

图 8 - 1 - 2 CA6140 型车床电气原理（含故障点）

任务实施

一、工具、仪表及设备

（1）工具：扳手、螺钉旋具、尖嘴钳、验电笔等常用电工工具。

（2）仪表：万用表、兆欧表、钳形电流表等。

（3）设备：CA6140 型车床电路智能实训考核单元（如图 8 - 1 - 3 所示）。

图 8 - 1 - 3　CA6140 型车床电路智能实训考核单元

二、调试 CA6140 型车床的方法和步骤

熟悉 CA6140 型车床电气控制模拟装置，了解该装置的基本操作，明确各种电器的作用，掌握 CA6140 型车床电气控制原理。

（1）查看装置背面各元器件上的接线是否牢固、各熔断器是否安装良好。

（2）独立安装好接地线，设备下方垫好绝缘垫，将各开关置分断位置。

（3）在教师的监督下，接上三相电源。合上 QF，电源指示灯亮。

（4）电路电源开关是带有开关锁 SA2 的断路器 QS。车床接通电源时需要开关钥匙操作，再合上 QS，这样增加了安全性。当需要合上电源时，先将开关钥匙插入开关锁 SA2 中并右旋，使 QS 线圈断电，再扳动断路器 QS 将其合上，车床电源接通。

若将开关锁 SA2 左旋，则触点 SA2（03 – 13）闭合、QS 线圈通电、断路器断开、机床断电。

（5）打开车床控制配电盘壁龛门，自动切除车床电源保护。在配电盘壁龛门上装有安全行程开关 SQ2，当打开配电盘壁龛门时，安全开关触点 SA2（03 – 13）闭合，使断路器线圈通电而自动跳闸、断开电源，以确保人身安全。

（6）车床床头皮带罩处设有开关 SQ1，当打开皮带罩时，安全开关触点 SQ1（03 – 1）断开，将接触器 KM1、KM2、KM3 线圈电路切断，电动机将全部停止转动，确保了人身安全。

（7）为满足打开车床控制配电盘壁龛门进行带电检修的需要，可将 SQ2 安全开关传动杆拉出，使触点 SA2（03 – 13）断开，此时 QS 线圈断电，QS 开关仍可合上。带电检修完毕，关上配电盘壁龛门后，将 SQ2 安全开关传动杆复位，SQ2 保护作用照常启用。

三、操作训练

在教师的监督指导下，按照上述操作方法，完成对 CA6140 型车床的操作训练。

任务总结

本任务的目的是要大家学会如何简单操作 CA6140 型车床，了解本机床的机械结构和电气控制特点；正确识读 CA6140 型车床的电气控制原理图，会分析 CA6140 型车床的电气控制原理。通过学习本任务为接下来的 CA6140 型车床常见故障检修打好基础。

任务二　CA6140 型车床电气控制线路常见电气故障的检修

任务目标

（1）掌握车床电气控制线路的特点和控制要求。

（2）提高识别车床电气控制线路的能力。

（3）了解车床电气故障的分类。

（4）学会车床电气设备的日常维护和保养。

（5）学会 CA6140 型车床常见故障的检修方法。

本任务通过在指导教师示教下，使大家知道电气故障的一般分类，了解工业机械电气设备维修的一般要求，掌握电气故障检修的一般方法以及电气故障检修技巧，会分析 CA6140 型车床的电气控制原理，会排除 CA6140 型车床的常见电气故障。

一、一般车床电气故障

元器件经长期使用必然会产生触头烧损，开关、电动机等的可动部分机械磨损，以及各种元器件、导线绝缘老化等自然现象，这些现象如果不能有计划地预防或加以排除，就会影响电气设备的正常运行。故障产生的原因大致可分为以下两大类。

（1）自然发展的故障：元器件经长期使用必然会产生老化。

（2）人为的故障：指电气设备受到不应有的机械外力破坏，以及因元器件质量不好或因操作不当等原因而造成人为的、不应有的故障。

二、对工业机械电气设备维修的一般要求

（1）采取的维修步骤和方法必须正确、切实可行。

（2）不得损坏完好的元器件。

（3）不得随意更换元器件及连接导线的型号、规格。

（4）不得擅自改动线路。

（5）损坏的电器装置应尽量修复使用，但不得降低其固有的性能。

（6）电气设备的各种保护性能必须满足使用要求。

（7）绝缘电阻合格，通电试车能满足电路的各种功能，控制环节的动作程序符合要求。

三、电气故障检修的一般方法

电气故障的检修一方面要理论联系实际，根据具体故障进行具体分析；另一方面要采用适当的检修方法。

（一）直观法

直观法通过"问、看、听、摸、闻"来发现异常情况，从而确定故障电路和故障所在部位。

（1）问：向现场操作人员了解故障发生前后的情况，如故障发生前是否过载，是否频繁启动和停止；故障发生时是否有异常声音和振动，是否有冒烟、冒火等现象。

（2）看：仔细察看各种元器件的外观变化情况，如看触头是否烧蚀、氧化，熔断器熔体熔断指示器是否跳出，热继电器是否脱扣，导线和线圈是否烧焦，热继电器整定值是否合适，瞬时动作整定电流是否符合要求等。

（3）听：主要听有关电器在故障发生前后声音是否有差异，如听电动机启动时是否只

"嗡嗡"响而不转；接触器线圈得电后是否噪声很大等。

（4）摸：故障发生后，断开电源，用手触摸或轻轻推拉导线及电器的某些部位，以察觉异常变化，如摸电动机、自耦变压器和电磁线圈表面等，感觉温度是否过高；轻拉导线，看连接是否松动；轻推电器活动机构，看移动是否灵活等。

（5）闻：故障出现后，断开电源，将鼻子靠近电动机、自耦变压器、继电器、接触器、绝缘导线等处，闻是否有焦味，如有焦味，则表明电器绝缘层已被烧坏，主要原因是过载、短路或三相电流严重不平衡等。

（二）状态分析法

发生故障时，根据电气设备所处的状态进行分析的方法，称为状态分析法。电气设备的运行过程可以分解成若干个连续的阶段，这些阶段也可称为状态。任何电气设备都处在一定的状态下工作，如电动机工作过程可以分解成启动、运转、正转、反转、高速、低速、制动、停止等工作状态。电气故障发生于某一状态，而在这一状态中各种元件又处于什么状态，这正是分析故障的重要依据。例如，电动机启动时，有些元件工作，有些触关闭合等，因而检修电动机启动故障时就要注意这些元件的工作状态。

（三）图形变换法

电气图是用以描述电器装置的构成、原理、功能，提供装接和使用维修信息的工具。检修电气故障时，常常需要将实物和电气图对照进行。然而，电气图种类繁多，因此需要从故障检修方便出发，将一种形式的图变换成另一种形式的图。其中常用的是将设备布置接线图变换成电路图，将集中式布置电路图变换成为分开式布置电路图。

四、电气故障检修技巧

（一）熟悉电路原理，确定检修方案

当一台设备的电气系统发生故障时，不要急于动手拆卸，首先要了解该电气设备产生故障的现象、经过、范围、原因，熟悉该设备及电气系统的组成和工作原理，掌握各个具体电路的作用和特点，明确电路中各级之间的相互联系以及信号在电路中的来龙去脉；再结合实际经验，经过周密思考，确定一个科学的故障检修方案。

（二）先机损，后电路

电气设备都以电气与机械原理为基础，特别是机电一体化的先进设备，其机械和电子在功能上有机配合，是一个整体的两个部分。往往机械部件出现故障会影响电气系统，使许多电器部件的功能不起作用。因此不要被表面现象迷惑，电气系统出现故障并不全都是电器本身问题，有可能是机械部件发生故障所造成的。因此先检修机械系统所产生的故障，再排除电气部分的故障，往往会收到事半功倍的效果。

（三）先简单，后复杂

检修故障要先用简单易行、自己拿手的方法去处理，然后用复杂、精确的方法。排除故障时，先排除显而易见的、简单常见的故障，后排除难度较高、没有处理过的疑难故障。

（四）先检修通病，后疑难杂症

电气设备经常容易产生相同类型的故障，这种故障就是通病。由于通病比较常见，人们积累的修理经验较丰富，因此可快速排除，这样就可以集中精力来排除比较少见、难度高、古怪的疑难杂症。

（五）先外部调试，后内部处理

外部是指暴露在电气设备外壳或密封件外部的各种开关、按钮、插口及指示灯。内部是指在电气设备外壳或密封件内部的印制电路板、元器件及各种连接导线。先外部调试、后内部处理，就是在不拆卸电气设备的情况下利用电气设备面板上的开关、旋钮、按钮等进行调试检查，缩小故障范围。首先排除外部部件引起故障，再检修机内故障，尽量避免不必要的拆卸。

（六）先不通电测量，后通电检修

首先在不通电的情况下对电气设备进行检查和测量，然后通电对电气设备进行检修。对发生故障的电气设备进行检修时，不能立即通电，否则可能会人为扩大故障范围，烧毁更多的元器件，造成不应有的损失。因此，在故障机通电前先进行电阻测量，采取必要的测量措施后，方能通电检修。

（七）先共用电路，后专用电路

任何电气系统的共用电路出现故障后，其能量、信息就无法传送和分配到各具体专用电路，专用电路的功能、性能就不能起作用。例如，一个电气设备的电源出现故障，整个系统就无法正常运转，向各种专用电路传递能量、信息就不可能实现。因此遵循先共用电路、后专用电路的顺序，就能快速、准确地排除电气设备的故障。

（八）总结经验，提高效率

电气设备出现的故障五花八门、千奇百怪。任何一台有故障的电气设备检修完，都应该把故障现象、原因、检修经过、技巧、心得记录在专用笔记本上。通过学习掌握各种新型电气设备的机电理论知识、熟悉其工作原理、积累维修经验，并将自己的经验上升为理论。在理论指导下，只有具体故障具体分析，才能准确、迅速地排除故障。

五、安全生产要求

（1）实践操作分组进行，3~4人一组，互相配合完成。

（2）每组在指定的实验台上进行操作，并经指导教师许可方可作业。

（3）电路搭接完毕后确认无误、经指导教师检查方可通电试车。

（4）现场做好安全措施，防止触电。

（5）遵守实验室安全操作规程和万用表使用操作规程。

任务实施

一、工具、仪表及设备

（1）工具：扳手、螺钉旋具、尖嘴钳、验电笔等常用电工工具。

（2）仪表：万用表、兆欧表、钳形电流表等。

（3）设备：CA6140型车床电路智能实训考核单元。

二、CA6140 型车床实训单元板故障排除

本任务采用亚龙 YL－156A 型电气安装与维修实训考核装置中的 CA6140 型车床电路智能实训考核单元进行排故实训，如图 8－1－3 所示。首先由教师在 CA6140 型车床上人为设置故障点，学生观察教师示范检修过程，然后自行完成故障点的检修实训任务。

（一）常见故障分析

1. 主电路常见电气故障

1）故障1：主轴电动机 M1 缺一相

故障现象：接入三相电源，闭合电源开关 QS1，通电指示灯 HL 亮；按下 SB2，主轴电动机 KM1 主触头吸合，HL1 指示灯亮，电动机 M1 不能正常运行；按下 SB3，刀架快速移动电动机 KM3 主触头吸合，HL2 指示灯亮，电动机 M3 正常运行；在 KM1 线圈得电的前提下，闭合 QS2，冷却泵电动机 KM2 主触头吸合，HL3 指示灯亮，电动机 M2 正常运行；闭合 SA，低压照明指示灯 EL 亮。

故障排除：根据故障现象可以得出控制电路和照明、信号灯指示电路一切正常，故障出现在电动机 M1 的主电路中。根据电气原理图上的编号，在考核单元板上找到电动机 M1 编号为 45、50、55 的三个点位置，利用万用表的电压挡测量这三点中任意两点间的电压，如有电压值没有达到 380 V，则表示缺相的存在，找出缺相的支路，最终找到出现断路的位置。例如，如果编号 45 和 50、50 和 55 之间的电压均没有达到 380 V，但编号 45 和 55 两点之间的电压达到 380 V，表示在编号 50 这条线上缺相，电路中存在断路，此时断开 QS1，利用万用表测量编号 46 到 50 各点之间的通断，从而确定故障点的位置。

2）故障2：冷却泵电动机 M2 缺一相

故障现象：接入三相电源，闭合电源开关 QS1，通电指示灯 HL 亮；按下 SB2，主轴电动机 KM1 主触头吸合，HL1 指示灯亮，电动机 M1 正常运行；按下 SB3，刀架快速移动电动机 KM3 主触头吸合，HL2 指示灯亮，电动机 M3 正常运行；在 KM1 线圈得电的前提下，闭合 QS2，冷却泵电动机 KM2 主触头吸合，HL3 指示灯亮，电动机 M2 不能正常运行；闭合 SA，低压照明指示灯 EL 亮。

故障排除：根据故障现象可以得出控制电路和照明、信号灯指示电路一切正常，故障出现在电动机 M2 的主电路中。根据电气原理图上的编号，在考核单元板上找到电动机 M2 编号为 66、71、76 的三个点位置，利用万用表的电压挡测量这三点中任意两点间的电压，如有电压值没有达到 380 V，则表示缺相的存在，找出缺相的支路，最终找到出现断路的位置。例如，如果编号 66 和 71、编号 66 和 76 两点之间的电压均没有达到 380 V，但编号 71 和 76 两点之间的电压达到 380 V，表示在编号 66 这条线上缺相，电路中存在断路，此时断开 QS1，利用万用表测量编号 62 到 66 各点之间的通断，从而确定故障点的位置。

3）故障3：刀架快速移动电机 M3 缺一相

故障现象：接入三相电源，闭合电源开关 QS1，通电指示灯 HL 亮；按下 SB2，主轴电动机 KM1 主触头吸合，HL1 指示灯亮，电动机 M1 正常运行；按下 SB3，刀架快速移动电动机 KM3 主触头吸合，HL2 指示灯亮，电动机 M3 不能正常运行；在 KM1 线圈得电的前提

下，闭合 QS2，冷却泵电动机 KM2 主触头吸合，HL3 指示灯亮，电动机 M2 正常运行；闭合 SA，低压照明指示灯 EL 亮。

故障排除：根据故障现象可以得出控制电路和照明、信号灯指示电路一切正常，故障出现在电动机 M3 的主电路中。根据电气原理图上的编号，在考核单元板上找到电动机 M3 编号为 79、82、85 的三个点位置，利用万用表的电压挡测量这三点中任意两点间的电压，如有电压值没有达到 380 V，表示缺相的存在，找出缺相的支路，最终找到出现断路的位置。例如，如果编号 79 和 82、编号 79 和 85 两点之间的电压均没有达到 380 V，但编号 82 和 85 两点之间的电压达到 380 V，表示编号 79 这条线上缺相，电路中存在断路，此时断开 QS1，利用万用表测量编号 77 到 79 各点之间的通断，从而确定故障点的位置。

2. 控制电路常见电气故障

1）故障 1：除照明灯亮外，控制回路失效

故障现象：接入三相电源，闭合电源开关 QS1，通电指示灯 HL 不亮；按下 SB2，主轴电动机 KM1 主触头不吸合，HL1 指示灯不亮，电动机 M1 不运行；按下 SB3，刀架快速移动电动机 KM3 主触头不吸合，HL2 指示灯不亮，电动机 M3 不运行；由于线圈 KM1 不得电，此时闭合 QS2，冷却泵电动机 KM2 主触头不吸合，HL3 指示灯不亮，电动机 M2 不运行；闭合 SA，低压照明指示灯 EL 亮。

故障排除：根据故障现象可以得出变压器与照明指示电路正常，故障应该出现在控制电路的主回路中。断开 QS1，根据电气原理图找到考核单元板上的主回路对应的编号，主回路分为两部分，第一部分是从编号 2 到 5；第二部分是从编号 4 到 22。此时利用万用表分别测量这两部分中各点之间的通断情况，以此来确定故障点的位置。

2）故障 2：通电指示灯亮，SB2、QS2 控制失效

故障现象：接入三相电源，闭合电源开关 QS1，通电指示灯 HL 亮；按下 SB2，主轴电动机 KM1 主触头不吸合，HL1 指示灯不亮，电动机 M1 不运行；按下 SB3，刀架快速移动电动机 KM3 主触头吸合，HL2 指示灯亮，电动机 M3 运行；由于线圈 KM1 不得电，此时闭合 QS2，冷却泵电动机 KM2 主触头不吸合，HL3 指示灯不亮，电动机 M2 不运行；闭合 SA，低压照明指示灯 EL 亮。

故障排除：根据故障现象可以知道主轴电动机控制电路失效，而通电指示、刀架快速移动电路正常，结合电气原理图的主轴电动机控制电路可以判断在控制电路中编号 11 到 16 电路中有断路存在。此时断开 QS1，根据电气原理图找到考核单元板上对应的编号，利用万用表测量编号 11 至 16 这条支路中各个点之间的通断情况，以此来确定故障点的位置。

3）故障 3：通电指示灯不亮，SB2、QS2 无法控制

故障现象：接入三相电源，闭合电源开关 QS1，通电指示灯 HL 不亮；按下 SB2，主轴电动机 KM1 主触头不吸合，HL1 指示灯不亮，电动机 M1 不运行；按下 SB3，刀架快速移动电动机 KM3 主触头吸合，HL2 指示灯亮，电动机 M3 运行；由于线圈 KM1 不得电，此时闭合 QS2，冷却泵电动机 KM2 主触头不吸合，HL3 指示灯不亮，电动机 M2 不运行；闭合 SA，低压照明指示灯 EL 亮。

故障排除：根据故障现象可以知道主轴电动机控制电路和通电指示灯电路失效，而刀架快速移动电路正常，对照电气原理图的控制电路可以判断在控制电路中编号 17 到 22 这

条电路中有断路存在。此时断开QS1，根据电气原理图找到考核单元板上对应的编号，利用万用表分别测量编号17至22各点之间的通断情况，以此来确定故障点的位置。

（二）其他常见电气故障现象

除了上述常见的主电路故障和控制电路故障，还经常出现以下故障现象，请读者自行分析故障现象、查找故障原因。

（1）全部电动机均缺一相，所有控制回路失效。

（2）电动机M2、M3各缺一相，控制回路失效。

（3）控制回路失效。

（4）指示灯亮，其他控制均失效。

（5）主轴电动机不能启动。

（6）除刀架快移动控制外其他控制失效。

（7）刀架快速移动电动机不启动，刀架快速移动控制失效。

（8）车床控制均失效。

（9）主轴电动机启动，冷却泵控制失效，QS2不起作用。

（三）故障设置

在CA6140型车床电路智能考核单元板上的故障点是由教师通过计算机中的"智能实训考核系统（教师端）"来设置的。

（四）故障排除考核

学生在CA6140型车床电路智能考核单元板上进行操作，找出故障点范围，并通过智能答题器（图8-2-1）完成故障点的排除，同时完成维修工作票（表8-2-1）。

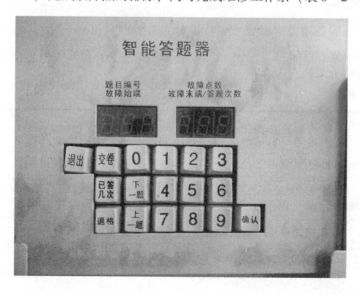

图8-2-1　智能答题器

表 8 – 2 – 1　维修工作票

工位号		考生姓名	
工作任务	CA6140 型车床电气线路故障检测与排除		
工作条件	观察故障现象和排除故障后试机通电；检测及排故过程停电		
维修要求	1. 对电气线路进行检测，确定线路的故障点并排除 2. 严格遵守电工操作安全规程 3. 不得擅自改变原线路接线，不得更改电路和元件位置 4. 完成检修后能恢复机床各项功能		
序号	故障现象描述	故障检测和排除过程	故障点描述

任务总结

通过本任务的学习，使大家学会电气故障的一般分类，了解工业机械电气设备维修的一般要求，掌握电气故障检修的一般方法以及电气故障检修技巧；学会排除 CA6140 型车床的常见电气故障。

项目评价

一、考核标准

按照项目实施的各项要求验收考核标准分为百分制，包括平时到课、项目实施过程、项目报告三大部分，其分值各占 20%、40%、40%。成绩按分数段划分为优秀、良好、中等、及格、不及格五个档次。

CA6140 型车床考核评分表

评分内容	配分/分	重点检查内容	分项配分/分	详细配分	扣分	得分
车床调试操作	30	开机操作	3	不能正确操作，扣 3 分		
		主轴电动机正反转启动、停止操作	6	不能正确操作，每处扣 1 分，扣完为止		
		刀架快速移动电动机的启动、停止操作	6	不能正确操作，每处扣 1 分，扣完为止		
		冷却泵电动机的启动、停止操作	6	不能正确操作，每处扣 2 分，扣完为止		
		溜板箱的进给操作	6	不能正确操作，每处扣 3 分，扣完为止		
		关机操作	3	不能正确操作，扣 3 分		

评分 内容	配分 /分	重点检查内容	分项 配分 /分	详细配分	扣分	得分
车床故障 排除（由 教师设置 故障）	60	故障现象描述	20	故障现象描述不正确，每处扣 5 分，扣完为止		
		故障范围分析	20	故障范围分析不正确，每处扣 5 分，扣完为止		
		故障点检测	20	故障点检测方法不正确，每处 扣 5 分，扣完为止		
职业素养 和安全 意识	10	出现短路或故意损坏设备	10	扣 10 分		
		违反操作规程		每次扣 2 分		
		劳动保护用品未穿戴		扣 3 分		

二、考核要求

（1）在规定的时间内能正确排除故障，且试运转成功。

（2）正确使用仪器、仪表。

（3）文明安全操作，没有安全事故。

巩固练习

1. CA6140 型车床在车削过程中，若有一个控制主轴电动机的接触器主触头接触不良，会有什么现象？如何解决？

2. 在 CA6140 型车床电气控制线路中，为什么未对电动机 M3 进行过载保护？

3. CA6140 型车床电气控制线路中有几台电动机？它们的作用分别是什么？

4. CA6140 型车床的主轴电动机在运行中自行停止，操作者立即按下启动按钮，但电动机不能启动，分析故障原因。

5. 简述 CA6140 型车床的主要运动形式。

项目九　M7120 型平面磨床电气控制线路的故障检修

 项目需求

在机械加工中，当对零件表面的光洁度要求较高时，一般需要用磨床进行加工。磨床是用砂轮的周边或端面对工件的表面进行机械加工的一种精密机床。磨床的种类很多，根据用途不同可分为平面磨床、内圆磨床、外圆磨床、无心磨床等。M7120 型磨床是机械加工中应用极为广泛的磨床，其作用是用砂轮磨削加工各种零件的平面。它操作方便，磨削精度和光洁度都比较高，适用于磨削精密零件和各种工具，并可做镜面磨削。

 项目工作场景

工作环境：电气、消防、卫生等符合实训安全要求的电工实训室，且具有投影仪等多媒体教学设备。

配套设备：M7120 型平面磨床电路智能实训考核单元。

仪器仪表：每人配备电工常用工具一套（尖嘴钳一把，一字、十字螺丝刀各一把）、万用表一块、5050 兆欧表一块、T301 – A 型钳形电流表一块。

着装要求：穿工作服，穿绝缘胶鞋，戴胸牌。

 方案设计

本项目以 M7120 型平面磨床电气控制线路的故障检修为载体，配备 M7120 型平面磨床和 M7120 型平面磨床电路智能实训考核单元。结合本项目的知识点和技能点，将项目分解为认识 M7120 型平面磨床和 M7120 型平面磨床主电气控制电路常见故障的检修两个学习任务。在任务一中，首先对磨床的主要结构、主要运动形式、工作原理等进行了介绍，然后在任务实施环节中使读者进一步学习、掌握磨床的主要结构、操作部件结构以及电气设备和型号。在任务二中，主要介绍了常见故障的检修方法。

相关知识和技能

知识点：

（1）M7120型平面磨床控制线路的工作原理及控制方式。

（2）M7120型平面磨床控制线路的电气故障。

（3）M7120型平面磨床的运动形式。

技能点：

（1）认识M7120型平面磨床控制电路的结构。

（2）M7120型平面磨床控制线路的电气故障检修。

（3）M7120型平面磨床控制线路的基本操作。

任务一　认识M7120型平面磨床

任务目标

（1）掌握M7120型平面磨床控制线路的工作原理及控制方式。

（2）了解M7120型平面磨床的运动形式。

（3）了解M7120型平面磨床控制线路的基本操作。

（4）掌握M7120型平面磨床控制线路的常见电气故障。

（5）采用正确的检修步骤排除M7120型平面磨床的电气故障。

任务分析

为了能够正确掌握M7120型平面磨床的结构、工作原理、基本操作以及故障检修，本次学习主要任务是：掌握M7120型平面磨床的主要结构和运动形式、正确识读M7120型平面磨床电气控制线路原理图和接线图，以及正确操作、调试M7120型平面磨床。

知识准备

一、M7120型平面磨床的主要结构及型号含义

M7120型平面磨床是平面磨床中使用较为普通的一种机床，该磨床操作方便，磨削精度高，适于磨削精密零件和各种工具。M7120型平面磨床是卧轴矩形工作台式，主要由立柱、滑座、砂轮架、电磁吸盘、工作台、床身等组成，其外形如图9-1-1所示。

磨床的种类很多，有平面磨床、外圆磨床、内圆磨床等。平面磨床分为立轴式和卧轴式两类，其中立轴式平面磨床用砂轮的端面磨削工件平面，卧轴式平面磨床用砂轮的圆周面磨削工件平面。常用的M7120型平面磨床的型号及含义如下。

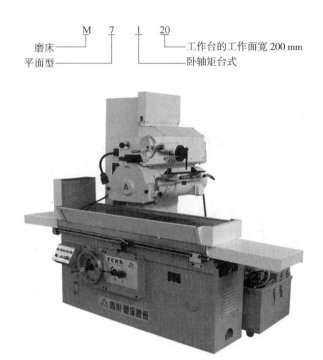

图 9 - 1 - 1　M7120 型平面磨床的外形

二、M7120 型平面磨床的主要运动形式及电气控制要求

（一）M7120 型平面磨床的主要运动形式

M1720 型平面磨床的主运动是砂轮机的旋转运动。进给运动有垂直进给（滑座在立柱上的上、下运动）、横向进给（砂轮箱在滑座上的水平移动）和纵向运动（工作台沿床身的往复运动）。工作时，砂轮做旋转运动并沿其轴向做定期的横向进给。工件固定在工作台上，工作台做直线往返运动。工作台的往返运动采用液压传动，能保证加工精度。矩形工作台每完成一次纵向行程，砂轮做横向进给，当加工整个平面后，砂轮做垂直方向的进给，以此完成整个平面的加工。

（二）M7120 型平面磨床的电气控制要求

M7120 型卧轴矩台平面磨床采用多台电动机拖动，其电力拖动、电气控制和保护的要求如下。

（1）砂轮由一台三相笼型异步电动机拖动，因为砂轮的转速一般不需要调节，所以对砂轮电动机没有电气调速的要求，也不需要反转，可直接启动。

（2）平面磨床的纵向和横向进给运动一般采用液压传动，所以需要由一台液压泵电动机驱动液压泵，对液压泵电动机也没有电气调速、反转和降压启动的要求。

（3）与车床一样，平面磨床也需要一台冷却泵电动机提供冷却液，冷却泵电动机与砂轮电动机具有联锁关系，即要求砂轮电动机启动后才能启动冷却泵电动机。

（4）平面磨床往往采用电磁吸盘来吸持工件。电磁吸盘有退磁电路，同时，为防止在磨削加工时因电磁吸盘吸力不足而造成工件飞出，还要求有弱磁保护环节。

（5）具有各种常规的电气保护环节（如短路保护和电动机的过载保护）；具有安全的局部照明装置。

三、M7120 型平面磨床的工作原理

M7120 型平面磨床的电气控制线路（图 9－1－2）可分为主电路、控制电路、电磁工作台控制电路及照明与指示灯电路四部分。

（一）主电路分析

主电路中共有四台电动机，其中 M1 是液压泵电动机，实现工作台的往复运动；M2 是砂轮电动机，带动砂轮转动来完成工件磨削加工；M3 是冷却泵电动机。这三台电动机只要求单向旋转，分别用接触器 KM1、KM2 控制。冷却泵电动机 M3 只能在砂轮电动机 M2 运转后才能运转。M4 是砂轮升降电动机，用于磨削过程中调整砂轮和工件之间的位置。M1、M2、M3 是长期工作的，所以都装有过载保护。M4 是短期工作的，不设过载保护。四台电动机共用一组熔断器 FU1 作短路保护。

（二）控制电路分析

1. 液压泵电动机 M1 的控制

合上总开关 QS1 后，整流变压器一个副边输出 130 V 交流电压，经桥式整流器 VC 整流后得到直流电压，使电压继电器 KA 得电动作，其常开触头（7 区）闭合，为启动电动机做好准备。如果 KA 不能可靠动作，各电动机均无法运行。因为平面磨床靠直流电磁吸盘的吸力将工件吸牢在工作台上，只有具备可靠的直流电压后，才允许启动砂轮和液压系统，以保证安全。

当 KA 吸合后，按下启动按钮 SB3，接触器 KM1 通电吸合并自锁，工作台电动机 M1 启动运转，HL2 灯亮。按下停止按钮 SB2，接触器 KM1 线圈断电释放，电动机 M1 断电停转。

2. 砂轮电动机 M2 及冷却泵电动机 M3 的控制

按下启动按钮 SB5，接触器 KM2 线圈得电动作，砂轮电动机 M2 启动运转。由于冷却泵电动机 M3 与 M2 联动控制，所以 M3 与 M2 同时启动运转。按下停止按钮 SB4，接触器 KM2 线圈断电释放，M2 与 M3 同时断电停转。

两台电动机热继电器 FR2 和 FR3 的常闭触头都串联在 KM2 中，只要有一台电动机过载，就会使 KM2 失电。因冷却液循环使用，经常混有污垢杂质，很容易引起电动机 M3 过载，故用热继电器 FR3 进行过载保护。

3. 砂轮升降电动机 M4 的控制

砂轮升降电动机只有在调整工件和砂轮之间位置时使用，所以用点动控制。当按下点动按钮 SB6 时，接触器 KM3 线圈得电吸合，电动机 M4 启动正转，砂轮上升。到达所需位置时，松开 SB6，KM3 线圈断电释放，电动机 M4 停转，砂轮停止上升。

按下点动按钮 SB7，接触器 KM4 线圈得电吸合，电动机 M4 启动反转，砂轮下降。到达所需位置时，松开 SB7，KM4 线圈断电释放，电动机 M4 停转，砂轮停止下降。为了防止电动机 M4 的正、反转线路同时接通，在对方线路中串入接触器 KM4 和 KM3 的常闭触头进行联锁控制。

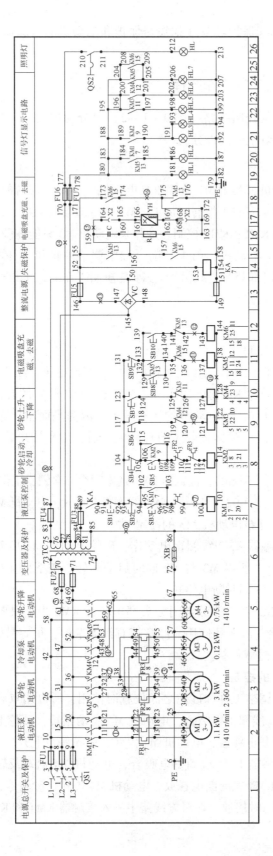

图 9 - 1 - 2　M7120 型平面磨床电气控制线路（含故障点）

158

4. 电磁吸盘控制电路分析

1）电磁吸盘的结构与工作原理

电磁吸盘与机械夹具比较，具有不损坏工件、夹紧迅速、操作快速简便、不损伤工件、一次能吸牢若干个小工件，以及加工中工件发热可自由伸缩、不变形、加工精度高等优点；其不足之处是夹紧力度小、调节不便，需用直流电源供电，只能吸住铁磁材料的工件，不能吸牢非磁性材料（如铜、铝等）的工件。它的结构示意如图 9 – 1 – 3 所示。它的外壳由钢制箱体和盖板组成，在它的中部凸起的芯体 4 上绕有线圈 5，盖板 6 则用非磁性材料隔离成若干钢条。在线圈 5 中通入直流电流，芯体 4 和隔离的钢条将被磁化，当工件 1 被放在电磁吸盘上时，也将被磁化产生与磁盘相异的磁极而被牢牢吸住。

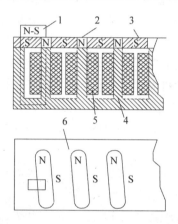

图 9 – 1 – 3　电磁吸盘结构示意

1—工件；2—非磁性材料；3—工作台；4—芯体；5—线圈；6—盖板

2）电磁吸盘的控制电路

电磁吸盘的控制电路包括整流装置、控制装置和保护装置三部分。整流装置由变压器 TC 和单相桥式全波整流器 VC 组成，供给 120 V 直流电源。控制装置由按钮 SB8、SB9、SB10 和接触器 KM5、KM6 等组成。

充磁过程如下：按下充磁按钮 SB8，接触器 KM5 线圈得电吸合，KM5 主触头（15、18 区）闭合，电磁吸盘 YH 线圈得电，工作台充磁吸住工件。同时其自锁触头闭合，联锁触头断开。

磨削加工完毕，在取下加工好的工件时，先按 SB9，切断电磁吸盘 YH 的直流电源，由于吸盘和工件都有剩磁，所以需要对吸盘和工件进行去磁。

去磁过程如下。按下点动按钮 SB10，接触器 KM6 线圈得电吸合，KM6 的主触头（15、18 区）闭合，电磁吸盘通入反相直流电，使工作台和工件去磁。去磁时，为防止因时间过长使工作台反向磁化，再次吸住工件，故接触器 KM6 采用点动控制。

3）电磁吸盘的保护环节

保护装置由放电电阻 R 和电容 C 以及电压继电器 KA 组成。

电阻 R 和电容 C 的作用是：电磁吸盘是一个大电感，在充磁吸工件时，存储有大量磁场能量，当它脱离电源的一瞬间，吸盘 YH 的两端产生较大的自感电动势，会使线圈和其他电器损坏，故用电阻和电容组成放电回路。利用电容 C 两端的电压不能突变的特点，使电磁吸盘线圈两端电压变化趋于缓慢，利用电阻 R 消耗电磁能量，如果参数选配得当，此时 R－L－C 电路可以组成一个衰减振荡电路，这对去磁是十分有利的。电压继电器 KA 的作用是：在加工过程中，若电源电压不足，则电磁吸盘将吸不牢工件，会导致工件被砂轮打出，造成严重事故，因此在电路中设置了电压继电器 KA，将其线圈并联在直流电源上，其常开触头（7 区）串联在液压泵电动机和砂轮电动机的控制电路中，若电磁吸盘吸不牢工件，KA 就会释放，使液压泵电动机和砂轮电动机停转，以保证安全。

（三）照明与指示灯电路分析

照明电路由照明变压器 TC 降压后，经过 QS2 供电给照明灯 EL。在照明变压器副边设有熔断器 FU4 作短路保护。HL1、HL2、HL3、HL4、HL5、HL6 和 HL7 为指示灯，其工作电压为 6.3 V，也由变压器 TC 供给，七个指示灯的作用如下。

HL1 亮，表示控制电路的电源正常；HL1 不亮，表示电源有故障。

HL2 亮，表示工作台电动机 M1 处于运转状态，工作台正在进行往复运动；HL2 不亮，表示 M1 停转。

HL3、HL4 亮，表示砂轮电动机 M2 及冷却泵电动机 M3 处于运转状态；HL3、HL4 不亮，表示 M2、M3 停转。

HL5 亮，表示砂轮升降电动机 M4 处于上升工作状态；HL5 不亮，表示 M4 停转。

HL6 亮，表示砂轮升降电动机 M4 处于下降工作状态；HL6 不亮，表示 M4 停转。

HL7 亮，表示电磁吸盘 YH 处于工作状态（充磁和去磁）；HL7 不亮，表示电磁吸盘未工作。

任务实施

一、工具、仪表及设备

（1）工具：扳手、螺钉旋具、尖嘴钳、验电笔等常用电工工具。

（2）仪表：万用表、兆欧表、钳形电流表等。

（3）设备：M7120 型平面磨床电路智能实训考核单元（图 9－1－4）。

二、调试 M7120 型平面磨床的方法和步骤

熟悉 M7120 型平面磨床电气控制模拟装置，了解装置的基本操作，明确各种电器的作用，掌握 M7120 型平面磨床电气控制原理。

（1）查看装置背面各元器件上的接线是否牢固，各熔断器是否安装良好。

（2）独立安装好接地线，设备下方垫好绝缘垫，将各开关置于分断位置。

（3）在教师的监督下，接上三相电源。合上 QS1，电源指示灯亮。

（4）将转换开关 QS2 扳到"充磁"位置，"充磁"指示灯亮；按下 SB3，液压泵电动机 M1 旋转，HL2 灯亮，按下 SB2，液压泵电动机 M1 停转；按下 SB5，砂轮电动机 M2 和冷却泵电动机 M3 工作，按下 SB5，砂轮电动机 M2 和冷却泵电动机 M3 同时停转。

图 9 – 1 – 4　M7120 型平面磨床电路智能实训考核单元

（5）将转换开关 QS2 扳到"退磁"位置，"退磁"指示灯亮；再次操作砂轮电动机 M2、冷却泵电动机 M3、液压泵电动机 M1 启停控制按钮，观察动作情况。

（6）分别按下 SB6、SB7，观察砂轮升降电动机 M4 的动作情况。

（7）合上开关 QS2，观察照明灯 EL 是否亮。

三、操作实训

在教师的监督指导下，按照上述操作方法完成对 M7120 型平面磨床的操作训练。

任务总结

本任务以认识 M7120 型平面磨床为主线，介绍了 M7120 型平面磨床的结构及作用、主要运动形式，结合电气原理图详细阐述了其工作原理。通过任务实施环节，使学生完成对磨床的操作训练。

任务二 M7120 型平面磨床主电气控制电路常见故障的检修

任务目标

（1）熟悉 M7120 型平面磨床电路智能实训考核单元的常见电气故障。
（2）能对 M7120 型平面磨床电路智能实训考核单元的常见电气故障进行检修。

任务分析

M7120 型平面磨床使用一段时间后，线路老化、机械磨损、电气磨损或者操作不当等原因不可避免地导致磨床电气设备发生故障，从而影响磨床正常工作。本节的主要任务是学习 M7120 型平面磨床常见的电气故障及检修方法和步骤。

知识准备

M7120 型平面磨床的工作原理和结构详见本项目任务一。

任务实施

一、工具、仪表及设备

（1）工具：扳手、螺钉旋具、尖嘴钳、验电笔等常用电工工具。
（2）仪表：万用表、兆欧表、钳形电流表等。
（3）设备：M7120 型平面磨床及 M7120 型平面磨床电路智能实训考核单元。

二、M7120 型平面磨床实训单元板故障排除

本任务采用亚龙 YL-156A 型电气安装与维修实训考核装置中的 M7120 型平面磨床电路智能实训考核单元进行排故实训，如图 9-1-4 所示。首先由教师在 M7120 型平面磨床上人为设置故障点，控制线路如图 9-1-2 所示，学生观察教师的示范检修过程，然后自行完成故障点的检修实训任务。

（一）主电路常见电气故障分析

1. 故障 1：液压泵电动机缺一相

故障现象：接入三相交流电源，闭合电源开关 QS1，通电指示灯 HL1 亮，将 QS2 拨动到开的位置，照明灯 EL 亮，证明控制电路有电，按下液压泵启动按钮 SB3，接触器 KM1 吸合，HL2 指示灯亮，电动机不运转；按下启动按钮 SB5，接触器 KM3、KM4 同时得电吸合，HL3、HL4 指示灯同时亮，再按下 SB4，接触器 KM2 断电，HL3、HL4 指示灯同时熄灭；按下启动按钮 SB6，接触器 KM3 吸合，HL5 指示灯亮，松开 SB6，HL5 指示灯熄灭；按下启动按钮 SB7，接触器 KM4 吸合，HL6 指示灯亮，松开 SB7，HL6 指示灯熄灭；按下

SB8，接触器 KM5 吸合，HL7 指示灯亮，再按下 SB9，HL7 指示灯熄灭；按下 SB10，接触器 KM6 吸合，HL7 指示灯亮，松开 SB10，HL7 指示灯熄灭。

故障排除：根据操作现象可以得出控制电路、电磁吸盘控制电路和照明指示电路正常，主电路中电动机 M1 不能正常启动运行，所以故障应该出现在液压泵电动机的主电路中。此时在电路板有电的情况下，利用万用表的交流电压挡并结合电气原理图，测量电路板上编号为 14、19、24 这三个点中任意两点之间的电压，如有电压值没有达到380 V，表示主电路中有缺相存在。如果编号 14 和 19、19 和 24 之间的电压均没有达到380 V，但编号 14 和 24 之间的电压达到 380 V，表示在编号 19 这条线上存在缺相，电路中存在断路。此时断开电源开关 QS1，利用万用表测量编号 15 到 19 各点之间的通断，从而确定故障点的位置。

2. 故障 2：砂轮电动机缺一相

故障现象：接入三相交流电源，闭合电源开关 QS1，通电指示灯 HL1 亮，将 QS2 拨动到开的位置，照明灯 EL 亮，证明控制电路有电，按下液压泵启动按钮 SB3，接触器 KM1 吸合，HL2 指示灯亮，电动机运转；按下启动按钮 SB5，接触器 KM3、KM4 同时得电吸合，HL3 指示灯不亮，HL4 指示灯亮，按下按钮 SB4，HL4 指示灯灭；按下启动按钮 SB6，接触器 KM3 吸合，HL5 指示灯亮，松开 SB6，HL5 指示灯熄灭；按下启动按钮 SB7，接触器 KM4 吸合，HL6 指示灯亮，松开 SB7，HL6 指示灯熄灭；按下 SB8，接触器 KM5 吸合，HL7 指示灯亮，再按下 SB9，HL7 指示灯熄灭；按下 SB10，接触器 KM6 吸合，HL7 指示灯亮，松开 SB10，HL7 指示灯熄灭。

故障排除：通过分析故障现象推断出控制电路一切正常，故障出现在砂轮电动机和冷却泵电动机的主电路中，由于这两个电动机是并联的，所以可以初步判断出冷却泵这条支路没有问题，问题出现在砂轮电动机这条支路上。利用万用表的电压挡测量电路图中 U26、V31、W36 任意两点之间的电压，如有电压值没有达到 380 V，表示有缺相。如果 U26 和V36、V31 和 W36 之间的电压均没有达到 380 V，但 U26 和 W31 之间的电压达到380 V，表示 V36 这条线上缺相，电路中存在断路。断开 QS1，利用万用表测量 38 到 40 各点之间的通断，从而确定故障点的位置（39 到 40 断路）。

3. 故障 3：砂轮下降电动机缺一相

故障现象：接入三相交流电源，闭合电源开关 QS1，通电指示灯 HL1 亮，将 QS2 拨动到开的位置，照明灯 EL 亮，证明控制电路有电，按下液压泵启动按钮 SB3，接触器 KM1吸合，HL2 指示灯亮，电动机运转；按下启动按钮 SB5，接触器 KM3、KM4 同时得电吸合，HL3、HL4 指示灯同时亮，按下 SB4，HL3、HL4 指示灯同时灭；按下启动按钮 SB6，接触器 KM3 吸合，HL5 指示灯亮，松开 SB6，HL5 指示灯熄灭；按下启动按钮 SB7，接触器KM4 吸合，HL6 指示灯不亮；按下 SB8，接触器 KM5 吸合，HL7 指示灯亮，再按下 SB9，HL7 指示灯熄灭；按下 SB10，接触器 KM6 吸合，HL7 指示灯亮，松开 SB10，HL7 指示灯熄灭。

故障排除：根据故障现象推断出控制电路一切正常，故障出现在砂轮下降电动机的主电路中。利用万用表测量电路中 U42、V47、W52 任意两点之间的电压，如有电压值没有达到 380 V，表示有缺相。如果 U42 和 V47、V47 和 W52 之间的电压均没有达到

380 V，但 U42 和 W52 之间的电压达到 380 V，表示 V47 这条线上缺相，电路中存在断路。断开 QS1，利用万用表测量 47 到 62 各点之间的通断，从而确定故障点的位置（48 到 62 断路）。

（二）控制电路常见电气故障分析

1. 故障 1：控制回路失效

故障现象：接入三相交流电源，闭合电源开关 QS1，通电指示灯 HL1 亮，将 QS2 拨动到开的位置，照明灯 EL 亮，证明控制电路有电，按下液压泵启动按钮 SB3，接触器 KM1 不吸合，HL2 指示灯不亮，电动机不运转；按下启动按钮 SB5，接触器 KM3、KM4 不吸合，HL3、HL4 指示灯不亮；按下启动按钮 SB6，接触器 KM3 不吸合，HL5 指示灯不亮；按下启动按钮 SB7，接触器 KM4 不吸合，HL6 指示灯不亮；按下 SB8，接触器 KM5 不吸合，HL7 指示灯不亮；按下 SB10，接触器 KM6 不吸合，HL7 指示灯不亮。

故障排除：根据故障现象推断出控制回路失效，控制回路失效的原因有多方面，一方面可能是电路中出现了断路，另一方面可能是 KA 继电器不得电导致 KA 主触头无法吸合，断开 QS1，利用万用表分别测量 80 到 89、90 到 93、85 到 101、75 到 150、147 到 155、148 到 154 之间的通断，由此来确定故障点的位置（85 到 101 之间）。

2. 故障 2：液压泵电动机不启动

故障现象：接入三相交流电源，闭合电源开关 QS1，HL1 指示灯亮，将 QS2 拨动到开的位置，照明灯 EL 亮，证明控制电路有电，按下液压泵启动按钮 SB3，接触器 KM1 不吸合，HL2 指示灯不亮，电动机不运转；按下启动按钮 SB5，接触器 KM3、KM4 同时得电吸合，HL3、HL4 指示灯同时亮，再按下 SB4，接触器 KM2 断电，HL3、HL4 指示灯同时熄灭；按下启动按钮 SB6，接触器 KM3 吸合，HL5 指示灯亮，松开 SB6，HL5 指示灯熄灭；按下启动按钮 SB7，接触器 KM4 吸合，HL6 指示灯亮，松开 SB7，HL6 指示灯熄灭；按下 SB8，接触器 KM5 吸合，HL7 指示灯亮，再按下 SB9，HL7 指示灯熄灭；按下 SB10，接触器 KM6 吸合，HL7 指示灯亮；松开 SB10，HL7 指示灯熄灭。

故障排除：由以上现象，我们可以知道问题出现在液压泵的控制电路中，断开 QS1，用万用表蜂鸣挡分别测量 93 到 100 各点之间的通断情况，由此来确定故障点的位置（99 到 100 之间）。

（三）其他常见电气故障现象

除了上述常见的主电路故障和控制电路故障，还经常出现以下故障现象，请读者自行分析故障现象，查找故障原因。

（1）控制变压器缺一相，控制回路失效。

（2）KA 继电器不动作，液压泵、砂轮冷却、砂轮升降、电磁吸盘电动机均不能启动。

（3）砂轮上升失效。

（4）电磁吸盘充磁和去磁失效。

（5）电磁吸盘不能充磁。

（6）电磁吸盘不能去磁。

（7）整流电路中无直流电，KA 继电器不动作。

（8）照明灯不亮。

（9）电磁吸盘充磁失效。

（10）电磁吸盘不能去磁。

（三）故障设置

M7120 型平面磨床电路智能考核单元板的故障点是通过计算机中的智能实训考核系统（教师端）来设置的。

（四）故障排除考核

学生在 M7120 型平面磨床电路智能考核单元板上进行操作，找出故障点范围，并通过智能答题器（图 9 – 2 – 1）完成故障点的排除，同时完成维修工作票（表 9 – 2 – 1）。

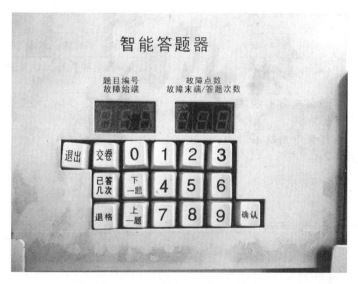

图 9 – 2 – 1　智能答题器

表 9 – 2 – 1　维修工作票

工位号		考生姓名	
工作任务	M7120 型平面磨床电气线路故障检测与排除		
工作条件	观察故障现象和排除故障后试机通电；检测及排故过程停电		
维修要求	1. 对电气线路进行检测，确定线路的故障点并排除 2. 严格遵守电工操作安全规程 3. 不得擅自改变原线路接线，不得更改电路和元件位置 4. 完成检修后能恢复机床各项功能		
序号	故障现象描述	故障检测和排除过程	故障点描述

任务总结

本任务以 M7210 型平面磨床控制线路常见故障排除为主线，介绍了砂轮电动机和液压泵电动机都不能启动、砂轮泵电动机不能启动运行和冷却泵电动机不能启动并发出"嗡嗡"声等故障的故障现象以及故障排除步骤。

项目评价

M7210 型平面磨床考核评分表

评分内容	配分	重点检查内容	分项配分	详细配分	扣分	得分
磨床调试操作	30	开机操作	3	不能正确操作，扣 3 分		
		砂轮电动机启动、停止操作	6	不能正确操作，每处扣 1 分，扣完为止		
		冷却泵电动机的启动、停止操作	6	不能正确操作，每处扣 1 分，扣完为止		
		液压泵电动机的启动、停止操作	6	不能正确操作，每处扣 2 分，扣完为止		
		砂轮升降机的启动、停止操作	6	不能正确操作，每处扣 3 分，扣完为止		
		关机操作	3	不能正确操作，扣 3 分		
磨床故障排除（由教师设置故障）	60	故障现象描述	20	故障现象描述不正确，每处扣 5 分，扣完为止		
		故障范围分析	20	故障范围分析不正确，每处扣 5 分，扣完为		
		故障点检测	20	故障点检测方法不正确，每处扣 5 分，扣完为止		
职业素养和安全意识	10	出现短路或故意损坏设备	10	扣 10 分		
		违反操作规程		每次扣 2 分		
		劳动保护用品未穿戴		扣 3 分		

巩固练习

1. 简述 M7120 型平面磨床控制线路的工作原理。

2. M7120 型平面磨床中的电磁吸盘与机械夹具比较，有哪些优点和缺点？

3. M7120 型平面磨床控制线路中电压继电器 KA 和电阻 R 的作用分别是什么？

4. 试分析 M7120 型平面磨床的电磁吸盘退磁不好的原因。

5. 用短接测量法测量主轴电动机能启动、冷却泵电动机不转动的故障，并说明故障原因。

项目十　T68 型卧式镗床电气控制线路的故障检修

 项目需求

镗床是工业生产加工过程中应用十分广泛的一种精密加工机床，主要用来钻孔、扩孔、绞孔、镗孔以及螺纹加工，而且使用一些附件后，它还可以车削圆柱端面、内圆、外圆和螺纹，装上铣刀还可进行铣削加工。本项目首先认识 T68 型卧式镗床，然后学习 T68 型卧式镗床电气控制线路的故障检修，分析其电气控制线路常见故障及检修方法。

 项目工作场景

工作环境：电气、消防、卫生等符合实训安全要求的电工实训室，且具有投影仪等多媒体教学设备。

配套设备：T68 型卧式镗床或 T68 型卧式镗床电路智能实训考核单元。

仪器仪表：每人配备电工常用工具一套（尖嘴钳一把，一字、十字螺丝刀各一把）、万用表一块、5050 兆欧表一块、T301 – A 型钳形电流表一块。

着装要求：穿工作服、穿绝缘胶鞋、戴胸牌。

 方案设计

本项目以 T68 型卧式镗床电气控制线路的故障检修为载体，配备 T68 型卧式镗床或 T68 型卧式镗床电路智能实训考核单元。结合本项目的知识点和技能点，将项目分解为认识 T68 型卧式镗床和 T68 型卧式镗床电气控制线路常见故障的检修两个学习任务。在任务一中，先对镗床的主要结构、主要运动形式、工作原理等进行了介绍，然后在任务实施环节中，使读者进一步学习、掌握镗床的主要结构、操作部件以及电气设备和型号。在任务二中，主要学习、掌握 T68 型卧式镗床的常见故障检修方法。

 相关知识和技能

知识点：

（1）T68 型卧式镗床控制线路的工作原理及控制方式。

（2）T68 型卧式镗床控制线路的电气故障。

（3）T68 型卧式镗床的运动形式。

技能点：

（1）认识 T68 型卧式镗床控制线路的结构。

（2）T68 型卧式镗床控制线路的电气故障检修。

（3）T68 型卧式镗床控制线路的基本操作。

任务一　认识 T68 型卧式镗床

任务目标

（1）掌握 T68 型卧式镗床控制线路的工作原理及控制方式。

（2）了解 T68 型卧式镗床的运动形式。

（3）了解 T68 型卧式镗床控制线路的基本操作。

（4）掌握 T68 型卧式镗床控制线路的常见电气故障。

（5）能对 T68 型卧式镗床控制线路的常见电气故障进行检修。

任务分析

为了能够正确掌握 T68 型卧式镗床的结构、工作原理、基本操作以及为任务二故障检修打下基础，本次学习的主要任务是：掌握 T68 型卧式镗床的主要结构和运动形式、正确识读 T68 型卧式镗床电气控制线路原理图和接线图，以及正确操作、调试 T68 型卧式镗床。

知识准备

一、T68 型卧式镗床的主要结构及型号含义

镗床是一种精密加工机床，它主要用于加工工件上的精密圆柱孔。按用途不同，镗床可分为卧式镗床、坐标镗床、金刚镗床等。其中卧式镗床的用途很广，它能完成大部分表面的加工，有时甚至可以完成全部的加工，特别是在加工大型及笨重的工件时具有优势。如图 10 - 1 - 1 所示为 T68 型卧式镗床，它主要由床身、前立柱、镗头架、工作台、后立柱和尾架等部分组成。T68 型卧式镗床型号的含义如下。

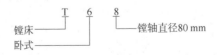

图 10 - 1 - 1　T68 型卧式镗床

二、T68 型卧式镗床的主要运动形式及控制要求

（一）T68 型卧式镗床的主要运动形式

T68 型镗床的运动形式主要有主运动、进给运动和辅助运动。

（1）主运动：镗杆（主轴）旋转或平旋盘（花盘）旋转。

（2）进给运动：主轴轴向（进、出）移动、主轴箱（镗头架）垂直（上、下）移动、花盘刀具溜板径向移动、工作台纵向（前、后）和横向（左、右）移动。

（3）辅助运动：工作台旋转运动、后立柱水平移动和尾架垂直移动。

主运动和各种常速进给运动由主轴电动机 M1 驱动，但各部分的快速进给运动是由快速进给电动机 M2 驱动的。

（二）T68 型卧式镗床的控制要求

（1）由于镗床主轴调速范围较大，且要求恒功率输出，所以主轴电动机 M1 采用△/YY 双速电动机。低速时，1U1、1V1、1W1 接三相交流电源，1U2、1V2、1W2 悬空，定子绕组接成△形，每相绕组中两个线圈串联，形成的磁极对数为 $p = 2$；高速时，1U1、1V1、1W1 短接，1U2、1V2、1W2 端接电源，电动机定子绕组接成 YY 形，每相绕组中的两个线圈并联，磁极对数为 $p = 1$。高、低速的转换由主轴孔盘变速机构内的行程开关控制。

（2）主电动机 M1 可正、反转连续运行，也可点动控制，点动控制时为低速。主轴要求快速准确制动，故采用反接制动，控制电器采用速度继电器。为限制主电动机的启动和制动电流，在点动和制动时定子绕组串入电阻 R。

（3）主电动机低速时直接启动。高速运行是由低速启动延时后再自动转成高速运行的，以减小启动电流。

（4）在主轴变速或进给变速时，主电动机需要缓慢转动，以保证变速齿轮进入良好啮合状态。主轴和进给变速均可在运行中进行，当变速操作时，主电动机便做低速断续冲动，变速完成后又恢复运行。

三、T68 型卧式镗床的工作原理

T68 型卧式镗床的电气原理如图 10 - 1 - 2 所示，它分为主电路、控制电路和照明电路三部分。

（一）主电路分析

主电路中共有两台电动机：M1 为主轴电动机，M2 为快速移动电动机。主轴电动机 M1 是一台双速电动机，用来驱动主轴旋转运动以及进给运动。接触器 KM1、KM2 分别实现正反转控制；接触器 KM3 实现制动电阻 R 的切换；KM4 实现低速控制和制动控制，使电动机定子绕组接成△形，此时电动机转速为 $n = 1\,440$ r/min；KM5 实现高速控制，使电动机 M1 定子绕组接成 YY 形，此时电动机转速为 $n = 2\,880$ r/min；熔断器 FU1 作为短路保护；热继电器 KH 作为过载保护。

快速进给电动机 M2 用来驱动主轴箱、工作台等部件快速移动，它的接触器 KM6、KM7 分别实现正反转控制，由于短时工作，故不需要过载保护，熔断器 FU2 作为短路保护。

（二）控制电路分析

控制电路的电源由控制变压器 TC 副边输出 110 V 电压提供。

1. 主轴电动机的控制

1）主轴电动机 M1 的正反转控制

按下正转按钮 SB3，接触器 KM1 线圈得电吸合，主触头闭合（此时开关 SQ2 已闭合），KM1 的常开触头（8 区和 13 区）闭合，接触器 KM3 线圈得电吸合，接触器主触头闭合，制动电磁铁 YB 得电松开（指示灯亮），电动机 M1 接成△形正向启动。反转时只需按下反转启动按钮 SB2，动作原理同上，不同的是接触器 KM2 得电吸合。

2）主轴电动机 M1 的点动控制

按下正向点动按钮 SB4，接触器 KM1 线圈得电吸合，KM1 常开触头（8 区和 13 区）闭合，接触器 KM3 线圈得电吸合。而不同于正转的是按钮 SB4 的常闭触头切断了接触器 KM1 的自锁，只能点动。这样 KM1 和 KM3 的主触头闭合便使电动机 M1 接成△形点动。同理按下反向点动按钮 SB5，接触器 KM2 和 KM3 线圈得电吸合，M1 反向点动。

3）主轴电动机 M1 的停车制动

当电动机正处于正转运转时，按下停止按钮 SB1，接触器 KM1 线圈断电释放，KM1 的常开触头（8 区和 13 区）因断电而断开，KM3 也断电释放。制动电磁铁 YB 因失电而制动，电动机 M1 制动停车。同理，反转制动只需按下制动按钮 SB1，动作原理同上，不同的是接触器 KM2 动作，导致反转制动停车。

4）主轴电动机 M1 的高低速控制

若选择电动机 M1 在低速运行，可通过变速手柄使变速开关 SQ1（16 区）处于断开低速位置，相应的时间继电器 KT 线圈也断电，电动机 M1 只能由接触器 KM3 接成△形连接低速运动。

如果需要电动机在高速运行，应先通过变速手柄使变速开关 SQ1 压合接通处于高速位置，然后按正转启动按钮 SB3（或反转启动按钮 SB2），时间继电器 KT 线圈得电吸合。由于 KT 两副触点延时动作，故 KM3 线圈先得电吸合，电动机 M1 接成△形低速启动，以后

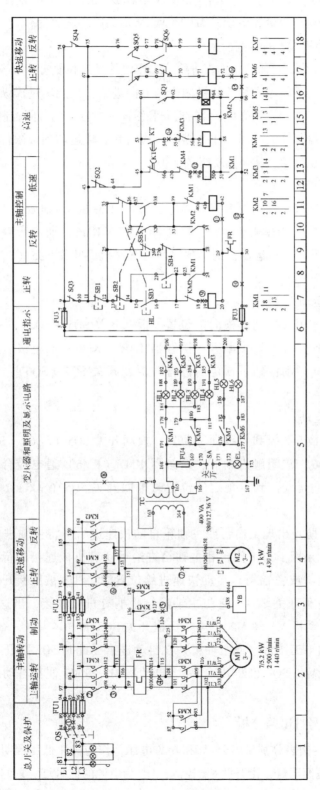

图 10 - 1 - 2　T68 卧式镗床的电气原理

KT 的常闭触点（13 区）延时断开，KM3 线圈断电释放，KT 的常开触点（14 区）延时闭合，KM4、KM5 线圈得电吸合，电动机 M1 接成 YY 形，以高速运行。

2. 快速移动电动机 M2 的控制

1）主轴的轴向进给、主轴箱的垂直进给、工作台的纵向和横向进给等的快速移动

本设备无机械机构不能完成复杂的机械传动方向进给，只能通过操纵装在床身的转换开关与开关 SQ5、SQ6 来共同完成工作台的横向和纵向、主轴箱的升降控制。在工作台六个方向上各设置有一个行程开关，当工作台纵向、横向和升降运动到极限位置时，挡铁撞到位置开关、工作台停止运动，从而实现终端保护。

2）主轴箱升降运动

先将床身上的转换开关扳到"升降"位置，扳动开关 SQ5（SQ6），SQ5（SQ6）常开触头闭合，SQ5（SQ6）常闭触点断开，接触器 KM7（KM6）通电吸合，电动机 M2 反（正）转，主轴箱向下（上）运动；到了预定的位置时扳回开关 SQ5（SQ6），主轴箱停止运动。

3）工作台横向运动

先将床身上的转换开关扳到"横向"位置，扳动开关 SQ5（SQ6），SQ5（SQ6）常开触点闭合，SQ5（SQ6）常闭触点断开，接触器 KM7（KM6）通电吸合，电动机 M2 反（正）转，工作台横向运动；到了预定的位置时扳回开关 SQ5（SQ6），工作台横向停止运动。

4）工作台纵向运动

先将床身上的转换开关扳到"纵向"位置，扳动开关 SQ5（SQ6），SQ5（SQ6）常开触点闭合，SQ5（SQ6）常闭触点断开，接触器 KM7（KM6）通电吸合，电动机 M2 反（正）转，工作台纵向运动；到了预定的位置时扳回开关 SQ5（SQ6），工作台纵向停止运动。

真实机床在为了防止出现工作台或主轴箱自动快速进给时将主轴进给手柄扳到自动快速进给的误操作，采用了与工作台和主轴箱进给手柄有机械连接的行程开关 SQ3。当上述手柄扳至工作台（或主轴箱）自动快速进给位置时，SQ3 被压断开。同样，在主轴箱上还装有另一个行程开关 SQ4，它与主轴进给手柄有机械连接，当这个手柄动作时，SQ4 也受压断开。电动机 M1 和 M2 必须在行程开关 SQ3 和 SQ4 中有一个处于闭合状态时，才可以启动。如果工作台（或主轴箱）在自动进给（此时 SQ3 断开）时将主轴进给手柄扳到自动进给位置（SQ4 也断开），那么电动机 M1 和 M2 便都自动停车，从而达到联锁保护的目的。

（三）照明、信号灯电路分析

控制变压器 TC 的副边分别输出 24 V 和 6 V 电压，作为机床低压照明灯和信号灯的电源。EL 为机床的低压照明灯，由开关 SA 控制；HL 为电源的信号灯。它们分别采用 FU4 和 FU3 作短路保护。

任务实施

一、工具、仪表及设备

（1）工具：扳手、螺钉旋具、尖嘴钳、验电笔等常用电工工具。

（2）仪表：万用表、兆欧表、钳形电流表等。

（3）设备：T68 型卧式镗床电路智能实训考核单元（图 10-1-3）。

图 10-1-3　T68 型卧式镗床电路智能实训考核单元

二、调试 T68 型卧式镗床的方法和步骤

熟悉 T68 型卧式镗床电气控制模拟装置，了解装置的基本操作，明确各种电器的作用，掌握 T68 型卧式镗床电气控制原理。

（1）查看装置背面各元器件上的接线是否牢固，各熔断器是否安装良好。

（2）独立安装好接地线，设备下方垫好绝缘垫，将各开关置于分断位置。

（3）在教师的监督下，接上三相电源。合上 QS，电源指示灯亮。

（4）主轴电动机低速正向运转。按 SB3，KA1 吸合并自锁，KM3、KM1 吸合主轴电动机 M1 在△形接法下低速运行；按 SB1，主轴电动机制动停转。

（5）主轴电动机高速正向运行。将 SQ1 置于高速位置，按 SB3，KM3 线圈、KT 线圈得电吸合，电动机 M1 接成△形低速启动；KT 的常闭触点（13 区）延时断开，KM3 线圈断电释放，KT 的常开触点（14 区）延时闭合，KM4、KM5 线圈得电吸合，电动机 M1 接成 YY 形高速运行。

（6）主轴电动机正反向点动操作。按 SB4 可实现电动机的正向点动，参与的电器有 KM1、KM4；按 SB5 可实现电动机的反向点动，参与的电器有 KM2、KM4。

（7）主轴电动机反接制动操作。按下 SB2，主轴电动机 M1 正向低速运行，此时 KS（13～18）闭合，KS（13～15）断开。在按下 SB1 按钮后，KA1、KM3 释放，KM1 释放，KM4 释放；SB1 按到底后，KM4 吸合，KM2 吸合，主轴电动机 M1 在串入电阻下反接制动，转速下降至 KS（13～18）断开；KS（13～15）闭合时，KM2 失电释放，制动结束。

（8）主轴变速与进给变速时的主轴电动机操作。将 SQ3、SQ5 置于主轴变速位，此时主轴电动机工作于间歇启动和制动状态，获得低速旋转，便于齿轮啮合。电器状态为：KM4 吸合，KM1、KM2 交替吸合。将此开关复位，变速停止。

（9）主轴箱、工作台或主轴的快速移动操作均由快进电动机 M2 拖动，电动机只工作于正转或反转，由行程开关 SQ9、SQ8 完成电气控制。

三、操作实训

在教师的监督指导下，按照上述操作方法，完成对 T68 型卧式镗床的操作训练。

任务总结

本任务以认识 T68 型卧式镗床为主线，介绍了 T68 型卧式镗床的结构及作用、主要运动形式，结合电气原理图详细阐述了其工作原理。通过任务实施环节，使学生完成对 T68 卧式镗床的操作训练。

任务二　T68 型卧式镗床电气控制线路常见故障检修

任务目标

（1）熟悉 T68 型卧式镗床控制线路的常见电气故障。

（2）能对 T68 型卧式镗床控制线路的常见电气故障进行检修。

任务分析

T68 型卧式镗床使用一段时间后，线路老化或者操作不当等原因不可避免地导致 T68 型卧式镗床电气设备发生故障，从而影响机床正常工作、影响生产。本节的主要任务是学习 T68 型卧式镗床常见电气故障及检修方法和步骤，以便快速准确地排除故障，使机床恢复正常运行。

知识准备

T68 型卧式镗床的工作原理和结构详见任务一。

任务实施

一、工具、仪表及设备

（1）工具：扳手、螺钉旋具、尖嘴钳、验电笔等常用电工工具。
（2）仪表：万用表、兆欧表、钳形电流表等。
（3）设备：T68 型卧式镗床电路智能实训考核单元。

二、T68 卧式镗床实训单元板故障排除

本任务采用亚龙 YL-156A 型电气安装与维修实训考核装置中的 T68 型卧式镗床电路智能实训考核单元进行排故实训，如图 10-1-3 所示。先由教师在 T68 型卧式镗床上人为设置故障点，学生观察教师示范的检修过程，然后自行完成故障点的检修实训任务。

（一）常见故障分析

1. 主电路常见电气故障

1）故障 1：所有电机缺相，控制回路失效

故障现象如下。

（1）按下正转按钮 SB3，接触器 KM1 线圈不吸合，主触头不闭合（此时开关 SQ2 已闭合）；KM1 的常开触头不闭合，接触器 KM3 线圈不吸合，接触器主触头不闭合，制动电磁铁 YB 不得电松开（指示灯不亮）。

（2）按下正向点动按钮 SB4，接触器 KM1 线圈不吸合，KM1 常开触头不闭合，接触器 KM3 线圈不吸合。

（3）按下反转按钮 SB2，接触器 KM2 线圈不吸合，主触头不闭合（此时开关 SQ2 已闭合），KM2 的常开触头不闭合；接触器 KM3 线圈不吸合，接触器主触头不闭合，制动电磁铁 YB 不得电松开（指示灯不亮）。

（4）按下反向点动按钮 SB2，接触器 KM2 线圈不吸合，KM2 常开触头不闭合；接触器 KM2、KM3 线圈不吸合。

（5）扳动开关 SQ5（SQ6），SQ5（SQ6）常开触点闭合，SQ5（SQ6）常闭触点断开，

接触器 KM7（KM6）无法通电吸合，电动机 M2 不转。

故障排除：初步判断为变压器 TC 二次侧没有电压输出。利用万用表分别测量主电路中主轴电动机 M1（97、104、111）、（118、123、128）、快速移动电动机 M2（145、147、149）、（155、159、161）任意两相间的电压，如果两台电动机均出现缺相，则可确定电路图中变压器的一次侧 84 到 97 或 85 到 104 出现断路现象。断开 QS，利用万用表的蜂鸣挡来测量故障范围，最终确定故障点的位置（85 到 104 断路）。

2）故障 2：主轴电动机正、反转均缺一相

故障现象如下。

（1）按下正转按钮 SB3，接触器 KM1 线圈吸合，主触头闭合（此时开关 SQ2 已闭合），KM1 的常开触头不闭合；接触器 KM3 线圈吸合，接触器主触头闭合，制动电磁铁 YB 得电松开（指示灯亮），电动机 M1 无法正转。

（2）按下正向点动按钮 SB4，接触器 KM1 线圈吸合，KM1 常开触头闭合，接触器 KM3 线圈吸合，电动机 M1 无法正转。

（3）按下反转按钮 SB2，接触器 KM2 线圈吸合，主触头闭合（此时开关 SQ2 已闭合），KM2 的常开触头闭合；接触器 KM3 线圈吸合，接触器主触头闭合，制动电磁铁 YB 得电松开（指示灯亮），电动机 M1 无法反转。

（4）按下反向点动按钮 SB5，接触器 KM2 线圈吸合，KM2 常开触头闭合，接触器 KM2、KM3 线圈吸合，电动机 M1 无法反转。

（5）振动开关 SQ5（SQ6），SQ5（SQ6）常开触点闭合，SQ5（SQ6）常闭触点断开，接触器 KM7（KM6）通电吸合，电动机 M2 转动。

故障排除：闭合 SA，低压照明指示灯 EL 亮，表示控制电路一切正常，故障出现在电动机 M1 的主电路中。初步判断为电动机缺相，利用万用表的电压挡测量电路图中的 U11、V11、W11 任意两点间和 U12、V12、W12 任意两点间的电压，如果 U11 和 V11 之间、V11 和 W11 之间、U12 和 V12 之间、V12 和 W12 之间的电压没有达到 380 V，但 U11 和 W11、U12 和 W12 之间的电压达到 380 V，表示 V11 和 V12 这条线上缺相，电路中存在断路。断开 QS，利用万用表测量 104 到 113 和 104 到 127 各点之间的通断，从而确定故障点的位置（107 到 108 断路）。

3）故障 3：主轴电动机低速运转制动时电磁铁 YB 不能动作

故障现象如下。

（1）按下正转按钮 SB3，接触器 KM1 线圈吸合，主触头闭合（此时开关 SQ2 已闭合），KM1 的常开触头不闭合；接触器 KM3 线圈吸合，接触器主触头闭合，制动电磁铁 YB 得电松开（指示灯不亮），电动机 M1 正转。

（2）按下正向点动按钮 SB4，接触器 KM1 线圈吸合，KM1 常开触头闭合，接触器 KM3 线圈吸合，电动机 M1 正转。

（3）按下反转按钮 SB2，接触器 KM2 线圈吸合，主触头闭合（此时开关 SQ2 已闭合），KM2 的常开触头（10 区和 16 区）闭合；接触器 KM3 线圈吸合，接触器主触头闭合，制动电磁铁 YB 不得电松开（指示灯不亮），电动机 M1 反转。

（4）按下反向点动按钮 SB5，接触器 KM2 线圈吸合，KM2 常开触头闭合，接触器

KM2、KM3 线圈吸合，电动机 M1 反转。

（5）扳动开关 SQ5（SQ6），SQ5（SQ6）常开触点闭合，SQ5（SQ6）常闭触点断开，接触器 KM7（KM6）通电吸合，电动机 M2 转动。

故障排除：闭合 SA，低压照明指示灯 EL 亮，表示控制电路一切正常，故障出现在电动机 M1 的主电路中，初步判断为电磁铁 YB 失电。利用万用表的电压挡测量电路图中 138 和 144 之间的电压，如果 138 和 144 之间的电压没有达到 380 V，表示 138 和 144 这条线上缺相，电路中存在断路。断开 QS，利用万用表测量 120 到 138、136 到 144 和 142 到 144 各点之间的通断情况，从而确定故障点的位置（137 到 143 断路）。

2. 控制电路常见电气故障

1）故障 1：主轴电动机正转点动与启动均失效

故障现象如下。

（1）按下正转按钮 SB3，接触器 KM1 线圈不吸合，主触头不闭合（此时开关 SQ2 已闭合），KM1 的常开触头不闭合；接触器 KM3 线圈不吸合，接触器主触头不闭合，制动电磁铁 YB 不得电松开（指示灯不亮），电动机 M1 不动。

（2）按下反转按钮 SB2，接触器 KM2 线圈吸合，主触头闭合（此时开关 SQ2 已闭合），KM2 的常开触头闭合；接触器 KM3 线圈吸合，接触器主触头闭合，制动电磁铁 YB 得电松开（指示灯亮），电动机 M1 转动。

（3）按下正向点动按钮 SB4，接触器 KM1 线圈吸合，KM1 常开触头闭合，KM1 和 KM3 的主触头闭合，电动机 M1 不动；按下反向点动按钮 SB5，接触器 KM2 和 KM3 线圈吸合，M1 转动。

（4）扳动开关 SQ5（SQ6），SQ5（SQ6）常开触点闭合，SQ5（SQ6）常闭触点断开，接触器 KM7（KM6）吸合，电动机 M2 反（正）转。闭合 SA，低压照明指示灯 EL 亮。

故障排除：通过以上故障现象分析，主电路正常，故障出现在控制电路中。初步判断为接触器失电，利用万用表的蜂鸣挡测量控制电路中的 KM1 线圈处是否断路，测量各点之间的通断以确定故障点的位置（18 到 19 断路）。

2）故障 2：控制电路全部失效

故障现象如下。

（1）按下正转按钮 SB3，接触器 KM1 线圈不吸合，主触头不闭合（此时开关 SQ2 已闭合），KM1 的常开触头不闭合；接触器 KM3 线圈不吸合，接触器主触头不闭合，制动电磁铁 YB 不得电松开（指示灯不亮），电动机 M1 不动。

（2）按下反转按钮 SB2，接触器 KM2 线圈不吸合，主触头不闭合（此时开关 SQ2 已闭合），KM2 的常开触头不闭合；接触器 KM3 线圈不吸合，接触器主触头不闭合，制动电磁铁 YB 不得电松开（指示灯不亮），电动机 M1 不转动。

（3）按下正向点动按钮 SB4，接触器 KM1 线圈不吸合，KM1 常开触头不闭合，KM1 和 KM3 的主触头不闭合；按下反向点动按钮 SB5，接触器 KM2 和 KM3 线圈不吸合，电动机 M1 不转。

（4）扳动开关 SQ5（SQ6），SQ5（SQ6）常开触点闭合，SQ5（SQ6）常闭触点断开，接触器 KM7（KM6）不吸合，电动机 M2 无法反（正）转。闭合 SA，低压照明指示灯

EL 亮。

故障排除：初步判断为控制电路失效，故障出现在控制电路中。测量 LN 上是否发生断路，EL 亮说明断路发生在 FU 后面，通过万用表发现 8 与 30 之间发生缺相。

（二）其他故障现象

除了上述常见的主电路故障和控制电路故障，还经常出现以下故障现象，请读者自行分析故障现象，查找故障原因。

（1）主轴电动机及工作台进给电动机无论正反转均缺相，控制回路正常。

（2）主轴正转缺一相。

（3）进给电动机无论正反转均缺一相。

（4）主轴电动机正转点动与启动均失效。

（5）控制回路全部失效。

（6）主轴电动机反转点动与启动均失效。

（7）主轴电动机的高低速运行及快速移动电动机的快速移动运行均不可启动。

（8）主轴电动机的低速运行不能启动，高速时无低速过渡。

（9）主轴电动机的高速运行失效。

（10）快速移动电动机无论正反转均失效。

（11）快速移动电动机正转不能启动。

（三）故障设置

T68 型卧式镗床电路智能考核单元板的故障点是通过计算机中的"智能实训考核系统（教师端）"来设置的。

（四）故障排除考核

学生在 T68 型卧式镗床电路智能考核单元板上进行操作，找出故障点范围，并通过智能答题器（图 10-2-1）完成故障点的排除，同时完成维修工作票（表 10-2-1）。

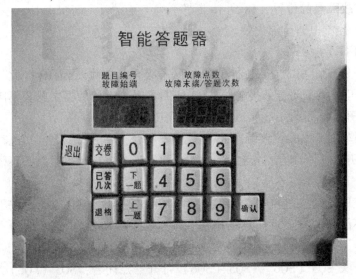

图 10-2-1　智能答题器

表 10 – 2 – 1　维修工作票

工位号		考生姓名	
工作任务	T68 型卧式镗床电气线路故障排除与检修		
工作条件	观察故障现象和排除故障后试机通电；检测及排故过程停电		
维修要求	1. 对电气线路进行检测，确定线路的故障点并排除 2. 严格遵守电工操作安全规程 3. 不得擅自改变原线路接线，不得更改电路和元件位置 4. 完成检修后能恢复机床各项功能		
序号	故障现象描述	故障检测和排除过程	故障点描述

任务总结

本任务以 T68 型卧式镗床控制电路常见故障排除为主线，介绍了所有电动机缺相、控制回路失效等主电路常见电气故障和主轴电动机正转点动与启动均失效等控制电路常见电气故障。

项目评价

表 10 – 2 – 2　T68 型卧式镗床考核评分表

评分内容	配分	重点检查内容	分项配分	详细配分	扣分	得分
镗床调试操作	30	开机操作	3	不能正确操作，扣 3 分		
		主轴电动机正转、低速启动与停止操作	9	不能正确操作，每处扣 3 分，扣完为止		
		主轴电动机反转、高速启动与停止操作	9	不能正确操作，每处扣 3 分，扣完为止		
		快速电动机正反转的启动、停止操作	6	不能正确操作，每处扣 2 分，扣完为止		
		关机操作	3	不能正确操作，扣 3 分		
车床故障排除（由教师设置故障）	60	故障现象描述	20	故障现象描述不正确，每处扣 5 分，扣完为止		
		故障范围分析	20	故障范围分析不正确，每处扣 5 分，扣完为止		
		故障点检测	20	故障点检测方法不正确，每处扣 5 分，扣完为止		
职业素养和安全意识	10	出现短路或故意损坏设备	10	扣 10 分		
		违反操作规程		每次扣 2 分		
		劳动保护用品未穿戴		扣 3 分		

巩固练习

1. 简述 T68 型卧式镗床的主要运动形式。

2. 试述 T68 型卧式镗床主轴电动机高速启动时操作过程及电路工作情况。

3. 分析 T68 型卧式镗床主轴变速和进给变速控制过程。

4. T68 型卧式镗床中为防止两个方向同时进给而出现事故时，应采取什么措施？

5. 说明 T68 型卧式镗床快速进给的控制过程。

项目十一 X62W 型万能铣床电气控制线路的故障检修

项目需求

X62W 型万能铣床是一种通用的多用途机床，它可以用圆柱铣刀、圆片铣刀、角度铣刀、成型铣刀及端面铣刀等刀具对各种零件进行平面、斜面、螺旋面及成型表面的加工，还可以加装万能铣头、分度头和圆工作台等机床附件来扩大加工范围。

项目工作场景

工作环境：电气、消防、卫生等符合实训安全要求的电工实训室，且具有投影仪等多媒体教学设备。

配套设备：YL – X62W 型万能铣床电路智能实训考核单元。

仪器仪表：每人配备电工常用工具一套（尖嘴钳一把，一字、十字螺丝刀各一把）、万用表一块。

元器件及耗材：按电路安装元器件清单配备所需元器件和材料。

着装要求：穿工作服、穿绝缘胶鞋、戴胸牌。

方案设计

本项目以 X62W 型万能铣床电气控制线路为载体，配备 YL – X62W 型万能铣床电路智能实训考核单元平台展开教学。结合本项目的知识点和技能点，将项目由浅入深分解为认识 X62W 型万能铣床和 X62W 型万能铣床电气控制线路常见电气故障检修两个典型任务，详细阐述了 X62W 型万能铣床的工作原理等相关理论知识，使读者快速掌握 X62W 型万能铣床电气控制线路的工作原理及各种类型故障排除的方法。

相关知识和技能

知识点：

（1）X62W 型万能铣床的结构、主要运动形式及电力拖动特点与控制要求。

（2）X62W 型万能铣床控制线路的组成、工作原理。

（3）X62W 型万能铣床各组成部分的操作方法。

（4）X62W 型万能铣床主轴电动机不能转动的故障排除方法、步骤。

（5）X62W 型万能铣床工作台不能进给反转的故障排除方法、步骤。

技能点：

（1）能熟练地操作 X62W 型万能铣床各个组成部分。

（2）能排除 X62W 型万能铣床主轴电动机不能转动的故障。

（3）能排除 X62W 型万能铣床工作台不能反转进给的故障。

（4）掌握万用表电阻分段测量法的使用。

任务一　认识 X62W 型万能铣床

任务目标

（1）理解 X62W 型万能铣床的结构、主要运动形式及电力拖动特点与控制要求。

（2）掌握 X62W 型万能铣床控制线路的组成、工作原理。

（3）掌握 X62W 型万能铣床的操作方法。

任务分析

针对任务认识 X62W 型万能铣床，具体要求如下。

（1）了解 X62W 型万能铣床的结构及作用。

（2）掌握 X62W 型万能铣床的主要运动形式及电力拖动特点与控制要求。

（3）掌握 X62W 型万能铣床的电气原理图及工作原理。

（4）掌握 X62W 型万能铣床无故障情况下的操作步骤及对应现象。

知识准备

铣床的种类很多，有卧式铣床、立式铣床、龙门铣床、仿形铣床和各种专用铣床等，其中以卧式和立式铣床应用最为广泛。卧式铣床的主轴是水平的，而立式铣床的主轴是垂直的。本项目以 X62W 型万能铣床为例进行介绍。

X62W 型万能铣床型号的含义如下。

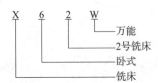

一、X62W 型万能铣床的结构

X62W 型万能铣床主要分为机械部分和电路部分。

（一）机械部分

机械部分由床身、横梁、主轴、工作台、工作台传动变速箱、主轴传动变速箱、转台、刀杆支架、升降台和底座等部分组成。如图 11 - 1 - 1 所示为 X62W 型卧式万能铣床，其主要组成部分及作用如下。

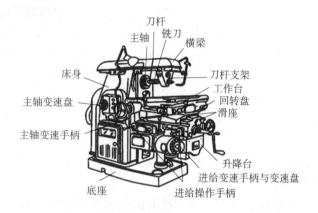

图 11 - 1 - 1　X62W 型卧式万能铣床

1. 床身

床身用来固定和支承铣床各部件。顶面上有供横梁移动用的水平导轨。前壁有燕尾形的垂直导轨，供升降台上下移动。内部装有主电动机、主轴变速机构、主轴、电气设备及润滑油泵等部件。

2. 横梁

横梁一端装有吊架，用以支承刀杆，以减少刀杆的弯曲与振动。横梁可沿床身的水平导轨移动，其伸出长度由刀杆长度来进行调整。

3. 主轴

主轴是用来安装刀杆并带动铣刀旋转的。主轴是一个空心轴，前端有 7:24 的精密锥孔，其作用是安装铣刀刀杆锥柄。

4. 纵向工作台

纵向工作台由纵向丝杠带动在转台的导轨上做纵向移动，以带动台面上的工件做纵向进给。台面上的 T 形槽用于安装夹具或工件。

5. 横向工作台

横向工作台位于升降台上面的水平导轨上，可带动纵向工作台一起做横向进给。

6. 转台

转台可将纵向工作台在水平面内扳转一定的角度（正、反均为 0°～45°），以便铣削螺旋槽等。具有转台的卧式铣床称为卧式万能铣床。

7. 升降台

升降台可以带动整个工作台沿床身的垂直导轨上下移动，以调整工件与铣刀的距离和垂直进给。

8. 底座

底座用以支承床身和升降台，内盛切削液。

（二）电路部分

X62W型卧式万能铣床电路由控制线路、主轴电动机（约 7.5 kW）、工作台电动机（2.4 kW）、冷却泵电动机（0.12 kW）、离合线圈和 24 V 照明线路组成。由三相 380 V 电源供电，电动机带动变速箱传动到主轴及工作台。用装在主轴上的刀具对装在工作台上的工件进行切削。冷却泵泵出冷却液对切削部分进行冷却。变速箱可选择合理的转速和线速。

线切割主要用于加工各种形状复杂和精密细小的工件，如线切割可以加工冲裁模的凸模、凹模、凸凹模、固定板、卸料板等，线切割还可以加工各种微细孔槽、窄缝、任意曲线等。线切割有许多无可比拟的优点，如加工余量小、加工精度高、生产周期短、制造成本低等，线切割已在生产中获得广泛应用。

二、X62W 型卧式万能铣床工作原理分析

X62W 型卧式万能铣床电气原理如图 11 - 1 - 2 所示。

1. 铣床的主要运动形式

铣床的运动包括铣削运动和辅助运动，铣削运动包括刀具旋转的主运动和工件相对于刀具的进给运动。

1）铣床的主运动

铣床的主运动是主轴带动刀杆和铣刀的旋转运动。主轴又分立式主轴和卧式主轴，立主轴和卧主轴必须分开驱动，不可以同时驱动。

2）铣床的进给运动

铣床的进给运动是工件相对于铣床的移动，包括工作台带动工件在前后、左右及上下六个方向的运动。

工作台进给运动有自动和手动控制两种。进给运动可做上下、前后、左右六个方向的运动。工作台在上下、前后、左右六个方向上的进给运动是彼此互锁的，工作台不能同时进行多个方向上的进给运动。为扩大其加工能力，工作台可加装圆形工作台，有圆形工作台的可做回转运动。

3）铣床的辅助运动

铣床的辅助运动是工作台在上下、前后及左右六个方向的快速移动。

2. 铣床的电力拖动特点与控制要求

如图 11 - 1 - 2 所示是 X62W 型卧式万能铣床电气原理，X62W 型卧式万能铣床共用了 3 台三相异步电动机，以满足机床拖动的要求，它们分别是主轴电动机 M1、进给电动机 M2 和冷却泵电动机 M3。

（1）主轴电动机一般选用笼型电动机来完成铣床的主运动。为适应顺铣和逆铣两种铣削方式的需要，主轴的正反转由电动机的正反转实现，但考虑到正反转操作并不频繁，因此在铣床床身下侧电气箱上设置一个组合开关来改变电源相序、实现主轴电动机的正反转。主轴电动机没有电气调速，而是通过齿轮来实现变速，立式主轴和卧式主轴变速操纵箱分

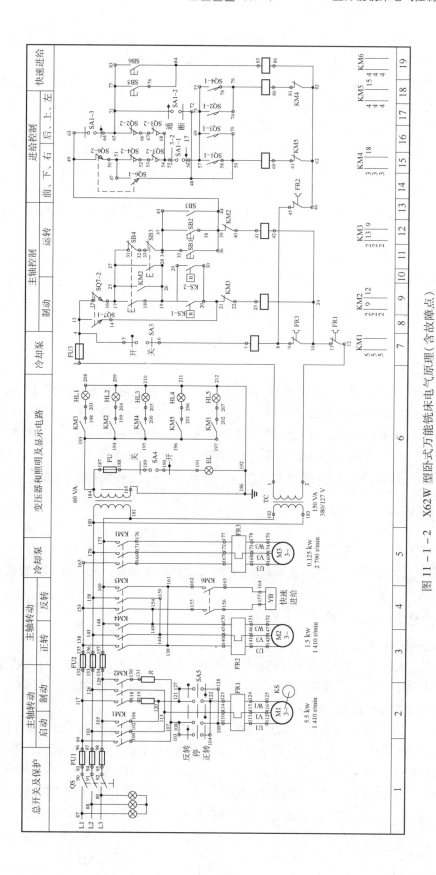

图 11-1-2　X62W 型卧式万能铣床电气控制原理（含故障点）

别独立设置、分开操纵。立式主轴可获得 9 级转速，卧式主轴可获得 18 级转速，并要求变速冲动。为缩短停车时间，主轴停车时采用电磁离合器电气制动。

（2）铣床的工作台前后、左右、上下六个方向的进给运动和工作台在六个方向的快速移动由进给电动机完成。进给电动机要求能正反转，并通过操纵手柄和机械离合器的配合来实现。进给的快速移动通过电磁铁和机械挂挡来完成。工作台在上下、前后、左右六个方向上的进给运动是彼此互锁的，不能同时进行多个方向上的进给。为扩大其加工能力，工作台可加装圆形工作台，圆形工作台的回转运动由进给电动机经传动机构驱动。

（3）主运动和进给运动采用变速盘来进行速度选择，为保证变速齿轮啮合良好，两种运动都要求变速后做瞬时点动（变速冲动）。

（4）需要一台冷却泵电动机提供冷却液。

（5）必须具有短路、过载、失压和欠压及电气联锁等必要的保护装置。

三、X62W 型卧式万能铣床的工作原理

电气原理图由主电路、控制电路和照明及显示电路三大部分组成。

（一）主电路分析

主电路中共有三台电动机。M1 是主轴电动机，拖动主轴带动铣刀进行铣削加工，SA5 是 M1 正反转的换向开关；M2 是进给电动机，拖动工作台进行前后、左右、上下六个方向的进给运动和快速移动，其正反转由接触器 KM4、KM5 实现；M3 是冷却泵电动机，供应冷却液，与主轴电动机 M1 之间实现顺序控制，即 M1 启动后，M3 才能启动。熔断器 FU1 作为三台电动机的短路保护装置，三台电动机的过载保护由热继电器 FR1、FR2、FR3 实现。

（二）控制电路分析

控制电路的启动按钮 SB1 和 SB2 是异地控制按钮，方便操作。SB3 和 SB4 是停止按钮，KM3 是主轴电动机 M1 的启动接触器，KM2 是主轴反接制动接触器，SQ7 是主轴变速冲动开关，KS 是速度继电器。

（三）主轴电动机 M1 的控制

1. 主轴电动机的启动

启动前先合上电源开关 QS，再把主轴转换开关 SA5 扳到所需要的旋转方向，然后按启动按钮 SB1（或 SB2），接触器 KM3 得电动作，其主触头闭合，主轴电动机 M1 启动。

2. 主轴电动机的停车制动

当铣削完毕、需要主轴电动机 M1 停车时，电动机 M1 运转速度在 120 r/min 以上，速度继电器 KS 的常开触点闭合（9 区或 10 区），为停车制动做好准备。当需要 M1 停车时，按下停止按钮 SB3（或 SB4），KM3 断电释放，由于 KM3 主触头断开，电动机 M1 断电做惯性运转，紧接着接触器 KM2 线圈得电吸合，电动机 M1 串电阻 R 反接制动。当转速降至 120 r/min 以下时，速度继电器 KS 常开触点断开，接触器 KM2 断电释放，停车反接制动结束。

3. 主轴的冲动控制

当需要主轴冲动时，按下冲动开关 SQ7，SQ7 的常闭触点 SQ7－2 先断开，而后常开触点 SQ7－1 闭合，使接触器 KM2 通电吸合，电动机 M1 启动，冲动完成。

（四）工作台进给电动机控制

转换开关 SA1 是控制圆工作台的，在不需要圆工作台运动时，转换开关扳到"断开"位置，此时 SA1－1 闭合、SA1－2 断开、SA1－3 闭合；当需要圆工作台运动时，将转换开关扳到"接通"位置，则 SA1－1 断开、SA1－2 闭合、SA1－3 断开。

1. 工作台纵向进给

工作台的纵向（左右）运动是由装在床身两侧的转换开关与开关 SQ1、SQ2 完成的，需要进给时把转换开关扳到"纵向"位置，按下开关 SQ1，常开触点 SQ1－1 闭合，常闭触点 SQ1－2 断开，接触器 KM4 通电吸合电动机 M2 正转，工作台向右运动；当工作台要向左运动时，按下开关 SQ2，常开触点 SQ2－1 闭合，常闭触点 SQ2－2 断开，接触器 KM5 通电吸合，电动机 M2 反转工作台向左运动。在工作台上设置一块挡铁，两边各设置一个行程开关，当工作台纵向运动到极限位置时，挡铁撞到行程开关，工作台停止运动，从而实现纵向运动的终端保护。

2. 工作台升降和横向（前后）进给

由于本产品无机械机构不能完成复杂的机械传动，方向进给只能通过操纵装在床身两侧的转换开关与开关 SQ3、SQ4 来完成工作台上下和前后运动。在工作台上也分别设置一块挡铁，两边各设置一个行程开关，当工作台升降和横向运动到极限位置时，挡铁撞到行程开关，工作台停止运动，从而实现纵向运动的终端保护。

3. 工作台向上（下）运动

在主轴电动机启动后，把装在床身一侧的转换开关扳到"升降"位置，再按下按钮 SQ3（或 SQ4），SQ3（或 SQ4）常开触点闭合，SQ3（或 SQ4）常闭触点断开，接触器 KM4（或 KM5）通电吸合电动机 M2 正（或反）转，工作台向下（或上）运动。到达预定的位置时松开按钮，工作台停止运动。

4. 工作台向前（后）运动

在主轴电动机启动后，把装在床身一侧的转换开关扳到"横向"位置，再按下按钮 SQ3（或 SQ4），SQ3（或 SQ4）常开触点闭合，SQ3（或 SQ4）常闭触点断开，接触器 KM4（或 KM5）通电吸合，电动机 M2 正（或反）转，工作台向前（或后）运动。到达预定的位置时松开按钮，工作台停止运动。

（五）联锁问题

真实机床在上下、前后四个方向进给时，如果又操作纵向控制两个方向的进给，将造成机床重大事故，所以必须联锁保护。当上下、前后四个方向进给时，若操作纵向任一方向，SQ1－2 或 SQ2－2 两个开关中的一个被压开，接触器 KM4（或 KM5）立刻失电，电动机 M2 停转，从而得到保护。

同理，当纵向操作时，又操作向左或向右进给，SQ1 或 SQ2 被压开，它们的常闭触点 SQ1－2 或 SQ2－2 是断开的，接触器 KM4 或 KM5 都由 SQ3－2 和 SQ4－2 接通。若发生误操作，而选择上、下、前、后某一方向的进给，就一定使 SQ3 – 2 或 SQ4 – 2 断开，从而使 KM4 或 KM5 断电释放，电动机 M2 停止运转，避免了机床事故。

1. 进给冲动

真实机床为使齿轮进入良好的啮合状态，将变速盘向里推。在推进时，挡铁压动位置开关 SQ6，先使常闭触点 SQ6 – 2 断开，然后常开触点 SQ6 – 1 闭合，接触器 KM4 通电吸合，电动机 M2 启动。但它并未转起来，位置开关 SQ6 已复位，先断开 SQ6 – 1，而后闭合 SQ6 – 2。接触器 KM4 失电，电动机失电停转。这样一来，电动机接通一下电源，齿轮系统产生一次抖动，使齿轮啮合顺利进行。需要冲动时，按下冲动开关 SQ6，模拟冲动。

2. 工作台的快速移动

当工作台向某个方向运动时，按下按钮 SB5 或 SB6（两地控制），接触器 KM6 通电吸合，它的常开触头（4 区）闭合，电磁铁 YB 通电（指示灯亮）模拟快速进给。

3. 圆工作台的控制

把圆工作台控制开关 SA1 扳到"接通"位置，此时 SA1 – 1 断开、SA1 – 2 接通、SA1 – 3 断开，主轴电动机启动后圆工作台即开始工作，其控制电路是：电源→SQ4 – 2→SQ3 – 2→SQ1 – 2→SQ2 – 2→SA1 – 2→KM4 线圈→电源。接触器 KM4 通电吸合，电动机 M2 运转。

真实铣床为了扩大机床的加工能力，可在机床上安装附件圆工作台，这样可以进行圆弧或凸轮的铣削加工。拖动时，所有进给系统均停止工作，只让圆工作台绕轴心回转。该电动机带动一根专用轴，使圆工作台绕轴心回转，铣刀铣出圆弧。在圆工作台开动时，其余进给一律不准运动，若有误操作动了某个方向的进给，则必然会使开关 SQ1 ~ SQ4 中的某一个常闭触点断开，使电动机停转，从而避免了机床事故的发生。按下主轴停止按钮 SB3 或 SB4，主轴停转，圆工作台也停转。

（六）冷却泵和照明电路的控制

当启动冷却泵时，将开关 SA3 扳至"接通"位置，接触器 KM1 通电吸合，电动机 M3 运转，冷却泵启动。机床照明由变压器 T 供给 36 V 电压，工作灯由 SA4 控制。

任务实施

一、工具、仪表及设备

（1）工具：扳手、螺钉旋具、尖嘴针、剥线错、电工刀、验电器等。

（2）仪表：万用表、兆欧表、钳形电流表等。

（3）设备：X62W 型万能铣床电路智能实训考核单元（图 11 – 1 – 3）。

二、操作实训

（1）对照 X62W 型万能铣床电气原理图，在教师指导下认识 X62W 型万能铣床的主要结构和操纵部件。

（2）在教师指导下进行现场观察，熟悉 X62W 型万能铣床的电气设备位置及型号。

图 11 - 1 - 3　X62W 型万能铣床电路智能实训考核单元

（3）认真观摩教师示范操作。

三、X62W 型万能铣床操作、调试方法和步骤

（一）操作前的准备

先检查各操作开关、手柄是否在停止位置或原位，铣刀的位置是否安全，然后合上电源开关 QS，接通电源。

（二）照明灯的操作

闭合 SA4，观察照明灯 EL 是否正常工作。

（三）主轴电动机正反转启动和停止操作

正转启动和停止：先将主轴正反转控制手柄 SA5 扳至"正转"位置，然后按下启动按钮 SB1 或 SB2，观察接触器 KM3 是否动作，主轴电动机是否启动，当主轴电动机转速稳定后，观察速度继电器 KS 的常开触点是否闭合；再按下停止按钮 SB3 或 SB4，观察接触器

KM3 是否断开，接触器 KM2 是否动作，速度继电器 KS 常开触点是否恢复断开，主轴电动机旋转方向是否符合要求。

反转启动和停止：先将主轴正反转控制手柄 SA5 扳至"反转"位置，启动、停止操作和观察现象同正转。

（四）主轴电动机变速时的冲动控制操作

在启动并保持主轴电动机正转或者反转情况下，先下压变速手柄，然后拉到前面，转动变速盘，选择转速，因受凸轮控制，观察冲动行程 SQ7 的常闭触点是否先断开，接触器 KM3 是否切断，电动机 M1 是否开始降速停止；冲动行程 SQ7 的常开触点是否后接通，接触器 KM2 是否动作。当手柄拉到第二道槽时，SQ7 不受凸轮控制、是否复位，M1 是否停转。接着把手柄从第二道槽推回原始位置，因行程开关 SQ7 受到凸轮瞬时压动，观察接触器 KM2 是否瞬时动作，M1 是否反向瞬时冲动一下。

（五）工作台进给电动机的控制操作

1. 工作台纵向（左右）运动控制操作

工作台向左运动操作：在 M1 启动后，将纵向操作手柄扳至向右位置，接通纵向离合器，观察是否压下 SQ2，而其他控制进给运动的行程开关是否都处于原始位置，接触器 KM5 是否得电动作，M2 电动机是否反转，工作台是否向左进给。

工作台向右运动操作：在 M1 启动后，将纵向操作手柄扳至向左位置，接通纵向离合器，观察是否压下 SQ1，而其他控制进给运动的行程开关是否都处于原始位置，接触器 KM4 是否得电动作，M2 电动机是否正转，工作台是否向右进给。

2. 工作台垂直（上下）和横向（前后）运动控制操作

工作台向后（或者向上）运动操作：将十字操作手柄扳至向后（或者向上）位置，接通横向进给（或者垂直进给）离合器，观察是否压下 SQ3，接触器 KM4 是否得电动作，M2 电动机是否正转，工作台是否向后（或者向上）运行。

工作台向前（或者向下）运动操作：将十字操作手柄扳至向前（或者向下）位置，接通横向进给（或者垂直进给）离合器，观察是否压下 SQ4，接触器 KM5 是否得电动作，M2 电动机是否反转，工作台是否向前（或者向下）运行。

3. 进给电动机变速时瞬时（冲动）控制操作

进给变速操作与主轴变速操作一样，在一次操纵手轮的同时，观察其连杆机构是否二次瞬时压下行程开关 SQ6，接触器 KM4 是否瞬时动作，M2 电动机是否正向瞬动。

4. 工作台快速进给控制操作

主轴电动机启动后，将进给操作手柄扳到所需位置，观察工作台是否按照选定的速度和方向做常速进给移动；按下快速进给按钮 SB5（或 SB6），观察接触器 KM6 是否通电吸合，牵引电磁铁 YA 是否接通，工作台是否按运动方向做快速进给运动。当松开快速进给按钮时，观察牵引电磁铁 YA 是否断电，快速进给运动是否停止，工作台是否按原常速进给时的速度继续运动。

（六）冷却泵操作

扳动组合开关 SA3 至闭合状态，观察冷却泵电动机是否正常运行。

（七）操作训练

在教师的监督指导下，按照上述操作方法，完成对 X62W 型万能铣床的操作训练。

任务总结

本任务以 X62W 型万能铣床的认识为主线，详细介绍了 X62W 型万能铣床的结构及作用、主要运动形式，并结合电气原理图详细阐述了其工作原理。通过对 X62W 型万能铣床无故障情况下的操作，使学生熟练掌握 X62W 型万能铣床每个按钮的作用、每个接触器的动作对应的控制现象，在提高学生理论学习的同时，提高学生的动手操作能力，为后续学习 X62W 型万能铣床电气控制线路常见故障检修打下扎实基础。

任务二　X62W 型万能铣床电气控制线路常见电气故障检修

任务目标

（1）掌握 X62W 型万能铣床常见电气故障检修方法。
（2）掌握万用表电阻挡分段测量法。

任务分析

X62W 型万能铣床电气控制线路常见电气故障检修的具体要求如下。
（1）掌握 X62W 型万能铣床主轴电动机不能转动的故障现象、故障原因分析以及排除方法。
（2）掌握 X62W 型万能铣床工作台反转不能进给的故障现象、故障原因分析以及排除方法。

知识准备

内容同本项目任务一。

任务实施

一、工具、仪表及设备

（1）工具：扳手、螺钉旋具、尖嘴钳、验电笔等常用电工工具。
（2）仪表：万用表、兆欧表、钳形电流表等。
（3）设备：YL – X62W 型万能铣床电路智能实训考核单元，如图 11 – 1 – 3 所示。

二、X62W 型万能铣床电气控制电路常见电气故障分析与检修

先由教师在 X62W 型万能铣床电路实训考核单元上人为设置故障点，观察教师示范的检修过程，然后自行完成故障点的检修实训任务。

（一）主电路常见故障分析

1. 故障一：X62W 型万能铣床的主轴电动机不转动

故障现象如下。

（1）闭合电源开关 QS，将照明开关 SA4 拨到"开"位置，观察到照明指示灯亮。

（2）将主轴电动机正反转选择开关 SA5 拨到"正转"位置，按下主轴电动机启动按钮 SB1（或 SB2），观察到主轴启动指示灯亮，接触器 KM3 得电吸合，主轴电动机 M1 不能正常运转，并伴有"嗡嗡"声。

（3）按下停止按钮 SB3（或 SB4），观察到接触器 KM3 失电，主轴启动指示灯灭，同时反接制动接触器 KM2 得电吸合，制动指示灯点亮，主轴电动机制动有效。

故障排除：通过现象观察，主轴电动机的控制电路正常，由此判断主轴电动机 M1 的主电路中存在缺相，造成主轴电动机不能正常启动运行。

首先，利用万用表电压挡，通过测量主轴电动机 M1 的 U、V、W 任意两相之间电压来确定主轴电动机主电路中的断路支路。将万用表拨到交流电压挡，选择合适的电压量程，这里选择 750 V 挡的电压量程。

其次，闭合总电源开关 QS，将主轴电动机正反转选择旋钮 SA5 拨到"正转"（"反转"）位置，按下主轴电动机启动按钮 SB1（或 SB2），接触器 KM3 得电吸合，对应的指示灯点亮。这时将万用表的两个表笔分别放到 U、V 两相之间，U、W 两相之间，V、W 两相之间测电压。由此判断在主轴电动机主电路的 V 相支路上存在缺相。

2. 故障二：X62W 型万能铣床的主轴电动机制动失效

故障现象如下。

（1）闭合电源开关 QS，将照明开关 SA4 拨到"开"位置，照明指示灯亮。

（2）将主轴电动机正反转选择开关 SA5 拨到"正转"位置，按下主轴电动机启动按钮 SB1（或 SB2），主轴启动指示灯亮，接触器 KM3 得电吸合，主轴电动机 M1 启动运行。

（3）按下停止按钮 SB3（或 SB4），观察到接触器 KM3 失电，主轴启动指示灯灭，同时反接制动接触器 KM2 得电吸合，制动指示灯点亮，但是 KM2 没有吸合，制动指示灯也没有点亮，主轴电动机 M1 制动失效。

故障排除：通过现象观察，主轴电动机的主电路、运转控制电路正常，但主轴电动机制动失效，由此判断在主轴电动机制动控制电路中存在断路。

3. 故障三：X62W 型万能铣床的工作台不能反转进给

故障现象如下。

（1）闭合电源开关 QS，将照明开关 SA4 拨到"开"位置，照明指示灯亮。

（2）将主轴电动机正反转选择开关 SA5 拨到"正转"位置，按下主轴电动机启动按

钮 SB1（或 SB2），主轴启动指示灯亮，接触器 KM3 得电吸合，主轴电动机 M1 启动运行。

（3）在接触器 KM1 得电吸合的情况下，将转换开关 SA1 拨到"断开"位置，将十字开关手柄拨到 SQ2"左"位置，进给反转指示灯点亮，接触器 KM5 吸合，进给电动机 M2 反转进给不能正常启动运行，并伴有"嗡嗡"声；将十字开关手柄拨到"中间"位置，进给反转指示灯熄灭，接触器 KM5 失电断开。

故障排除：通过现象观察，主轴电动机的主电路、控制电路正常，进给电动机的控制电路正常，由此判断进给电动机 M2 的主电路中存在缺相，造成进给电动机不能正常启动运行。

（二）控制电路常见故障分析

1. 故障 1：X62W 型万能铣床的工作台不能正转进给

故障现象如下。

（1）闭合电源开关 QS，将照明开关 SA4 拨到"开"位置，照明指示灯亮。

（2）将主轴电动机正反转选择开关 SA5 拨到"正转"位置，按下主轴电动机启动按钮 SB1（或 SB2），主轴启动指示灯亮，接触器 KM3 得电吸合，主轴电动机 M1 启动运行。

（3）在接触器 KM1 得电吸合的情况下，将转换开关 SA1 拨到"断开"位置，将十字开关手柄拨到 SQ1"右"位置，进给正转指示灯不亮，接触器 KM4 不吸合，进给电动机 M2 正转进给不能正常启动运行，此时手动按下接触器 KM4，进给正转指示灯点亮，M2 电动机启动运行。依次将十字开关手柄拨到 SQ3"前""下"位置，观察到的现象同 SQ1"右"一样。

故障排除：通过现象观察，主轴电动机的主电路、控制电路正常，进给电动机 M2 主电路正常，M2 电动机"前""下""右"正转进给控制电路中存在故障。

2. 故障 2：X62W 型万能铣床的照明及控制电路失效

故障现象如下。

（1）闭合电源开关 QS，将照明开关 SA4 拨到"开"位置，照明指示灯不亮。

（2）将主轴电动机正反转选择开关 SA5 拨到"正转"位置，按下主轴电动机启动按钮 SB1（或 SB2），主轴启动指示灯不亮，接触器 KM3 不动作，主轴电动机 M1 不能启动运行。

（3）将冷却泵电动机开关 SA3 拨到"开"位置，冷却泵不能启动运行。

（4）依次手动按下接触器 KM3、KM4、KM5、KM1，发现主轴电动机 M1、进给电动机 M2、冷却泵电动机 M3 都可以启动运行，但相对应的指示灯不亮。

故障排除：通过现象观察，结合电气原理图，判断 X62W 型万能铣床主电路正常，变压器没电导致 X62W 型万能铣床的照明、指示灯、电动机控制电路失效。

（三）其他故障现象

除了上述常见的主电路故障和控制电路故障，还经常出现以下故障现象，请读者自行分析故障现象、查找故障原因。

（1）主轴电动机启动，冷却泵控制失效，QS2 不起作用。主轴电动机正、反转均缺一相，进给电动机、冷却泵电动机缺一相，控制变压器及照明变压器均没电。

（2）主轴电动机无论正反转均缺一相。

（3）快速进给电磁铁不能动作。

（4）控制变压器没电，控制回路失效。

（5）照明灯不亮。

（6）主轴制动失效。

（7）主轴不能启动。

（8）工作台进给控制失效。

（三）故障设置

X62W 型万能铣床电路智能考核单元板的故障点是通过计算机中的"智能实训考核系统（教师端）"来设置的。

（四）故障排除考核

学生在 X62W 型万能铣床电路智能考核单元板上进行操作，找出故障点范围，并通过智能答题器完成故障点的排除，同时完成维修工作票（表 11 - 2 - 1）。

表 11 - 2 - 1　维修工作票

工位号			考生姓名	
工作任务	X62W 型万能铣床电气线路故障检测与排除			
工作条件	观察故障现象和排除故障后试机；检测及排故过程			
维修要求	1. 对电气线路进行检测，确定线路的故障点并排除 2. 严格遵守电工操作安全规程 3. 不得擅自改变原线路接线，不得更改电路和元件位置 4. 完成检修后能恢复机床的各项功能			
序号	故障现象描述	故障检测和排除过程		故障点描述

任务总结

本任务以 X62W 型万能铣床电气控制线路常见电气故障检修为主线，通过对 X62W 型万能铣床主轴电动机不能转动、工作台正反转方向上都不能进给、变压器没电、控制电路失效等常见故障现象的故障点查找、故障排除进行分析阐述，在提高学生理论学习的同时，提高了学生的动手操作能力，为后续学习打下扎实基础。

项目评价

X62W 型万能铣床电气控制线路的故障检修的考核评价表

评分内容	配分	重点检查内容	分项配分	详细配分	扣分	得分
铣床调试操作	30	开机操作	3	不能正确操作，扣 3 分		
		主轴电动机正反转启动、停止操作	6	不能正确操作，每处扣 1 分，扣完为止		
		主轴电动机变速时冲动控制操作	6	不能正确操作，每处扣 1 分，扣完为止		
		工作台各个方向上的进给操作	12	不能正确操作，每处扣 2 分，扣完为止		
		关机操作	3	不能正确操作，扣 3 分		
铣床故障排除（由教师设置故障）	60	故障现象描述	20	故障现象描述不正确，每处扣 5 分，扣完为止		
		故障范围分析	20	故障范围分析不正确，每处扣 5 分，扣完为止		
		故障点检测	20	故障点检测方法不正确，每处扣 5 分，扣完为止		
职业素养和安全意识	10	出现短路或故意损坏设备	10	扣 10 分		
		违反操作规程		每次扣 2 分		
		劳动保护用品未穿戴		扣 3 分		

注：若发生重大安全事故，本次总成绩记为零分。

巩固练习

1. 简述 X62W 型万能铣床进给变速冲动的控制过程。

2. 简述 X62W 型万能铣床圆工作台的控制过程。

3. X62W 型万能铣床电气控制线路中三个电磁离合器的作用分别是什么？电器离合器为什么采用直流电源供电？

4. X62W 型万能铣床电气控制线路中为什么要设置变速冲动？

5. 如果 X62W 型万能铣床的工作台能左右进给，但不能前、后、上、下进给，分析故障原因。

参 考 文 献

［1］商红桃．机电设备电气控制技术基础［M］．西安：西安电子科技大学出版社，2018．

［2］王浔．机电设备电气控制技术［M］．北京：北京理工大学出版社，2018．

［3］石金炳．电气系统安装与调试［M］．北京：凤凰教育出版社，2016．

［4］强高培．机电设备电气控制技术［M］．北京：北京理工大学出版社，2012．

［5］周元一．电机与电气控制［M］．北京：机械工业出版社，2006．

［6］赵承获．电机与电气控制技术［M］．北京：高等教育出版社，2006．

［7］熊幸明．工厂电气控制技术［M］．北京：清华大学出版社，2005．

［8］电力拖动控制线路与技能训练［M］．5 版．北京：中国劳动社会保障出版社，2014．

［9］李金钟．电机与电气控制线路［M］．2 版．北京：中国劳动社会保障出版社，2014．

［10］亚龙科技集团，浙江亚龙教育装备股份有限公司．YL－156A 电气安装与维修实训考核装置实训指导书［Z］．2010－12．